智慧海绵城市系统构建系列丛书 第一辑 ②
丛书主编 曹 磊 杨冬冬

国家出版基金项目
NATIONAL PUBLICATION FOUNDATION

既有居住区海绵化改造的规划设计策略与方法

Strategy and Method of Planning and Design for Sponge Reconstruction of Existing Residential Area

杨冬冬　曹 易　张月明　刘一勐　著

天津大学出版社
TIANJIN UNIVERSITY PRESS

图书在版编目（CIP）数据

既有居住区海绵化改造的规划设计策略与方法 / 杨
冬冬等著. -- 天津 ： 天津大学出版社， 2021.12
（智慧海绵城市系统构建系列丛书. 第一辑；2）
ISBN 978-7-5618-7083-9

Ⅰ.①既… Ⅱ.①杨… Ⅲ.①居住区－旧房改造－研
究－中国 Ⅳ.① TU984.12

中国版本图书馆 CIP 数据核字（2021）第 247635 号

JIYOU JUZHUQU HAIMIANHUA GAIZAO DE GUIHUA SHEJI
CELÜE YU FANGFA

出版发行　天津大学出版社
地　　址　天津市卫津路 92 号天津大学内（邮编：300072）
电　　话　发行部：022-27403647
网　　址　www.tjupress.com.cn
印　　刷　廊坊市瑞德印刷有限公司
经　　销　全国各地新华书店
开　　本　787mm×1092mm　1/16
印　　张　11.75
字　　数　302 千
版　　次　2021 年 12 月第 1 版
印　　次　2021 年 12 月第 1 次
定　　价　128.00 元

序言
PREFACE

　　水资源作为基础性自然资源和战略性经济资源，对社会经济发展有着重要影响。然而，中国目前所面临的水生态、水安全形势非常严峻。近年来，中国城市建设快速推进，道路硬化、填湖造地等工程逐渐增多，城市吸纳降水的能力越来越差，逢雨必涝、雨后即旱的现象不断发生，同时伴随着水质污染、水资源枯竭等问题，这些都给生态环境和人民生活带来了不良影响。

　　党的十九大报告指出，"建设生态文明是中华民族永续发展的千年大计"。我们要努力打造人与自然和谐共生的生态城市、海绵城市、智慧城市。开展海绵城市建设对完善城市功能、提升城市品质、增强城市承载力、促进城市生态文明建设、提高人民生活满意度具有重要的现实意义。

　　伴随着海绵城市建设工作在全国范围的开展，我国的城市雨洪管理规划、设计、建设正从依靠传统市政管网的模式向灰色、绿色基础设施耦合的复合化模式转变。海绵城市建设虽然已取得很大进步，但仍不可避免地存在很多问题，如经过海绵城市建设后城市内涝情况仍时有发生，人们误以为这是因为低影响开发绿色系统构建存在问题，实际上这是灰色系统和超标雨水蓄排系统缺位导致的。即使在专业领域，海绵城市的理论研究、规划设计、建设、运营维护等各环节依然存在很多需要深入研究的问题，如一些城市海绵专项规划指标制定得不合理；一些项目的海绵专项设计为达到海绵指标要求而忽视了景观效果，给海绵城市建设带来了负面评价和影响。事实上，海绵城市建设既是城市生态可持续建设的重要手段，也是城市内涝防治的重要一环，还是建设地域化景观的重要基础，它的这些重要作用亟待被人们重新认知。海绵城市建设仍然存在诸多关键性问题，我们需要考虑雨洪管理系统与绿地系统、河湖系统、土地利用格局的耦合，从而实现对海绵城市整体性的系统研究。不同城市或地区的地质水文条件、气候环境、场地情况等差异很大，这就要求我们因"天""地"制宜，制定不同的海绵城市建设目标和策略，采取不同的规划设计方法。此外，海绵城市专项规划也需要与城市绿地系统、城市排水系统等相关专项规划在国土空间规划背景下进行整合。

作者团队充分发挥天津大学相关学科群的综合优势，依托建筑学院、建筑工程学院、环境科学与工程学院的国内一流教学科研平台，整合包括风景园林学、水文学、水力学、环境科学在内的多个学科的相关研究，在智慧海绵城市建设方面积累了丰硕的科研成果，为本丛书的出版提供了重要的理论和数据支撑。

作者团队借助基于地理信息系统与产汇流过程模拟模型的计算机仿真技术，深入研究和探讨了海绵城市景观空间格局的构建方法，基于地区降雨特点的雨洪管理系统构建、优化、智能运行和维护方案，形成了智慧海绵城市系统规划理论与关键建造技术。作者团队将这些原创性成果编辑成册，形成一套系统的海绵城市建设丛书，从而为保护生态环境提供科技支撑，为各地的海绵城市建设提供理论指导，为美丽中国建设贡献一份力量。同时，本丛书对改进我国城市雨洪管理模式、提高我国城市雨洪管理水平、保障我国海绵城市建设重大战略部署的落实均具有重要意义。

"智慧海绵城市系统构建系列丛书 第一辑"获评 2019 年度国家出版基金项目。本丛书第一辑共有 5 册，分别为《海绵城市专项规划技术方法》《既有居住区海绵化改造的规划设计策略与方法》《城市公园绿地海绵系统规划设计》《城市广场海绵系统规划设计》《海绵校园景观规划设计图解》，从专项规划、既有居住区、城市公园绿地、城市广场和校园等角度对海绵城市建设的理论、技术和实践等内容进行了阐释。本丛书具有理论性与实践性融合、覆盖面与纵深度兼顾的特点，可供政府机构管理人员和规划设计单位、项目建设单位、高等院校、科研单位等的相关专业人员参考。

在本丛书即将出版之际，感谢国家出版基金规划管理办公室的大力支持，没有国家出版基金项目的支持和各位专家的指导，本丛书实难出版；衷心感谢北京土人城市规划设计股份有限公司、阿普贝思（北京）建筑景观设计咨询有限公司、艾奕康（天津）工程咨询有限公司、南开大学黄津辉教授在本丛书出版过程中提供的帮助和支持。最后，再一次向为本丛书的出版做出贡献的各位同人表达深深的谢意。

曹磊

2021 年 10 月

前 言
FOREWORD

海绵城市是在我国生态文明建设的背景下，城市雨洪管理从传统的依靠管网的单一方式向多层级、复合化方式转变的产物，是重新建立城市健康水文循环过程的新型城市发展概念。在海绵城市建设的背景下，城市绿地汇聚雨水、蓄洪排涝、补充地下水、净化水体的功能得到了前所未有的关注，它以雨水花园、下凹绿地、植物过滤带等多样化景观形式呈现，实现了城市雨洪管理能力和景观风貌的双重提升。

但在近 10 年海绵城市建设的热潮中，我们也看到，虽然我国已布局多个国家海绵城市建设试点城市，但由于海绵城市建设的起点低，而蕴含于其中的学科知识和专业技术交叉性强，一些城市的海绵城市建设效果并不尽如人意，人们对海绵城市的质疑逐渐增多。因此，我们亟须对海绵城市规划、设计过程中的一些共性问题进行重新研究和系统思考。这些问题集中表现在以下三方面。

（1）相关人员对海绵系统、低影响开发雨水系统和管渠系统之间的关系认识模糊，对年径流总量控制率的基本概念理解不深，这直接导致他们对海绵城市专项规划编制的方法、深度和内容认识不到位，从而简化、分割了控制指标与项目建设方案。

（2）相关人员对海绵城市规划、设计、建设工作的难度认知不足，将海绵城市的建设内容狭义地局限于低影响开发措施的采用，如不少城市老旧居住区的海绵化改造由于忽视了绿地的空间布局和竖向关系，简单地在极其有限的绿地中采用低影响开发措施，这些不恰当的措施引起了居民的不满，直接导致了居民对海绵城市的质疑。

（3）相关人员对海绵措施的选择单一，导致不同城市空间中的海绵景观雷同，海绵城市设计目标、方法相似。

针对上述问题，天津大学建筑学院曹磊教授、杨冬冬副教授带领课题组将交叉学科研究与景观设计实践和经验相结合，致力于全过程、多维度的生态化雨洪管理系统构建的研究，并在国家出版基金的资助下，撰写了"智慧海绵城市系统构建系列丛书 第一辑"共 5 册图书。其中《海绵城市专项规划技术方法》系统介绍了海绵城市专项规划的编制内容、步骤和方法，并对海绵城市专项规划的难点和重点——低影响开发系统指标体系的计算方法和海绵空间格局的规划技术方法进行了详细解析。《既有居住区海绵化改造的规划设计策略与方法》从空间布局和节点设计两个层面梳理了老旧居住区海绵化改造中的问题、难点及其解决方案。《城市公园绿地海绵系统规划设计》《城市广场海绵系统规划设计》《海绵校园景观规划设计图解》这 3 本书则分别针对城市公园绿地、城市广场和校园这 3 种城市空间的特点和需求，从水文计算、景观审美的角度出发，对海绵系统的景观规划设计方法进行了系统阐释。

本丛书是作者团队对海绵城市规划设计研究和实践两方面工作的总结和提炼，我们希望通过本丛书与读者分享相关的方法、方案和技术。在此感谢加拿大女王大学教授、天津大学兼职教授布鲁斯·C.安德森(Bruce C. Anderson)教授的指导和支持，感谢苏晴、付琳等同学在书稿整理过程中给予的协助。由于作者水平有限，书中难免存在疏漏、错误之处，敬请读者批评指正。

著者
2021 年 10 月

目 录
CONTENTS

第 1 章　既有居住区海绵化改造的相关概念与理论基础 /1

1.1　既有居住区海绵化改造的背景 /3

1.2　国内外研究进展 /5

1.3　居住区相关概念 /12

第 2 章　国内外既有居住区雨洪管理改造经典案例 /13

2.1　国内既有居住区雨洪管理改造经典案例 /14

2.2　国外既有居住区雨洪管理改造经典案例 /36

第 3 章　既有居住区海绵化改造的可行性分析
**　　　　——以天津为例 /51**

3.1　天津居住区概况 /52

3.2　天津居住区雨洪管理现状 /57

3.3　天津居住区现状雨洪管理能力述评 /68

3.4　小结 /79

第 4 章　既有居住区海绵化改造的绿地规划策略和方法 /81

4.1　典型既有居住区的选取 /83

4.2　典型居住区绿地布局的指标量化 /86

4.3　典型居住小区绿地布局与产汇流过程的关系研究 /93

4.4　既有居住区海绵化改造的规划策略和方法 /122

第 5 章　既有居住区海绵化改造的景观设计途径 /127

5.1　海绵设施选型 /128

5.2　既有居住区海绵化改造技术模式分析 /135

5.3　既有居住区建筑雨水径流的海绵设施设计 /137

5.4　既有居住区道路雨水径流的海绵设施设计 /154

5.5　既有居住区绿地雨水径流的海绵设施设计 /168

5.6　既有居住区雨水产汇流过程中的衔接性设施设计 /172

参考文献 /176

第 1 章 既有居住区海绵化改造的相关概念与理论基础

2019 年的《政府工作报告》明确了新型城镇化的要求。要推进新型城镇化，就要不断提高基础设施水平。在我国，大面积的高密度旧城区正接受着越来越多来自自然、环境的种种挑战。近几年，接连发生在北京、天津以及我国其他大中型城市高密度旧城区，特别是既有居住区的内涝积水问题，使得提高既有居住区雨洪调节能力、优化基础设施建设成为我国乃至国际城市规划与建设领域关注的焦点。

据统计，在我国城市建设用地中，建筑小区用地约占 40%，其产生的雨水径流量约占城市雨水径流总量的 50%。因此，2015 年发布的《国务院办公厅关于推进海绵城市建设的指导意见》（国办发〔2015〕75 号）明确提出"推广海绵型建筑与小区"；2016 年发布的《中共中央 国务院关于进一步加强城市规划建设管理工作的若干意见》提出"有序推进老旧住宅小区综合整治、危房和非成套住房改造，加快配套基础设施建设"。不可否认，既有居住区受地下管网改造的难度和成本的限制，受有限绿地面积的制约，要想以低环境干扰（此干扰既包括对自然生态的干扰，也包括对居民生活的干扰）的方式实现其雨洪管理能力的提升尚存在较多问题和难点。在此背景下，本书以既有居住区为研究对象，就其海绵化改造的规划设计策略与方法展开系统的讨论。

1.1 既有居住区海绵化改造的背景

1.1.1 城市严重的水资源问题

水资源是人类生存的基本条件，但随着城市化进程的推进，人类的活动不断影响着自然界的水循环过程。近年来，我国城市一方面普遍存在夏季内涝积水问题，另一方面随着地下水位不断下降，出现水资源短缺与用水效率低下的矛盾。按照国际公认的标准，人均水资源量低于 3 000 m³ 为轻度缺水，人均水资源量低于 2 000 m³ 为中度缺水，人均水资源量低于 1 000 m³ 为重度缺水，人均水资源量低于 500 m³ 为极度缺水。以天津为例，天津是资源型缺水城市，多年人均本地水资源占有量只有 100 m³，为全国人均占有量的 1/20，是全国水资源最紧缺的城市之一。究其原因，除去上游水库拦蓄、自然降雨分配不均等外在原因，城市的不断建设阻碍了地下水的补充，传统的快排式雨洪管理方式导致的水资源流失问题更需要引起关注并予以解决。如何因地制宜地实现雨洪水资源的净化、存蓄、回用，推广水资源分类高效使用的方法，提升水资源的利用率，考验着城市管理智慧。

1.1.2 海绵城市理论的兴起与发展

2012 年 4 月，在 2012 低碳城市与区域发展科技论坛上，"海绵城市"的概念在我国被首次提出。2013 年 12 月 12 日，习近平总书记在中央城镇化工作会议上强调："在提升城市排水系统时要优先考虑把有限的雨水留下来，优先考虑更多利用自然力量排水，建设自然积存、自然渗透、自然净化的'海绵城市'。"（《习近平关于全面深化改革论述摘编》，中央文献出版社，2014 年，第 110 页）《海绵城市建设技术指南——低影响开发雨水系统构建（试行）》对"海绵城市"的概念给出了明确的定义，即城市能够像海绵一样，在适应环境变化和应对自然灾害等方面具有良好的"弹性"，下雨时吸水、蓄水、渗水、净水，需要时将蓄存的水"释放"并加以利用。海绵城市建设能够提升城市生态系统的功能和减少城市洪涝灾害的发生。近年来，国内海绵城市相关文献的数量持续增加，学术论文发表数量从 2014 年的 22 篇增加到 2019 年的 1 746 篇，可以看出海绵城市已成为社会和相关学者的讨论热点。

1.1.3　既有居住区海绵化改造的困境

2015 年发布的《国务院办公厅关于推进海绵城市建设的指导意见》（国办发〔2015〕75 号）明确指出，"到 2020 年，城市建成区 20% 以上的面积达到目标要求；到 2030 年，城市建成区 80% 以上的面积达到目标要求"。以天津为例，根据《2015 年城市建设统计年鉴》，以天津市建成区面积为 885 km² 计，到 2030 年天津的海绵城市改造面积将达 708 km²。2017 年 12 月，住房和城乡建设部召开老旧小区改造试点工作座谈会，就城市老旧小区改造的新模式展开探索，寻求老旧小区改造可复制、可推广的经验。由此可见，城市既有居住区海绵化改造已经成为关系到海绵城市建设的重要环节。

然而，与新建城区在规划设计阶段便对海绵措施的落地予以考虑不同，已建城区，特别是老旧居住区多存在建设密度高、绿地率低、基础设施老旧、人口集中、环境问题突出等多种问题，极大地限制了低影响开发（low-impact development，LID）雨洪管理设施应用的种类和规模，从而给海绵化改造带来了很多难题与挑战。从目前既有居住区的海绵化改造实践成果看，这些改造虽然全面贯彻了海绵城市建设倡导的效仿自然、源头管理的模式，但是仍存在以下三方面的问题：居住区内绿地空间有限，但为达到年径流总量控制率目标，居住区绿地中下凹绿地面积占比大、下凹深度大，影响了景观效果，也造成了安全隐患；盲目占用停车空间、公共活动空间布设 LID 设施，且改造缺乏系统性；竖向关系衔接不当，导致雨水径流无法自流进入 LID 设施，LID 设施成为摆设。

1.2　国内外研究进展

1.2.1　既有居住区更新方面

既有居住区更新改造研究最早可追溯至 20 世纪 60 年代。1966 年正式出现了"社区更新程序"这个概念，公共健康领域希望通过社区的更新与发展促进城市公共健康的发展。此后，社区更新逐渐发展成为社会学、心理学、环境生态学等学科关注的热点。相关的研究和改造实践基于基础设施提升和安全性的目的，侧重于探讨物业管理的新模式、综合整治的新策略和居住环境、景观空间的美化。进入 21 世纪，随着可持续发展理念的深化，"生态"和"宜居"成为既有居住区改造的主流追求。一部分研究以居民福祉、行为意愿和满意度为既有居住区改造的出发点，应用指标体系对既有居住区进行评估分析，以辅助相关人员做出改造决策；另一部分研究关注不同情境（包括常态和火灾、水灾等极端情况）下居住区的适应性，多借助模型模拟的方式探析居住区改造的新范式。

1.2.2　城市雨洪管理方面

伴随全球气候变化和城市化发展共同引起的降水量和地表径流的变化，多个国家的城市雨洪管理理念也经历了一系列的变化。

城市排水系统主要为两大部分水源服务：一是城市工业废水与生活污水；二是雨水。在历史上，许多国家的城市利用同一排水管网系统来完成城市工业废水与生活污水、雨水的排放，即合流制排水。以前很多城市采用直排式合流制排水系统，这种系统允许不同的来水混合，使得城市水体污染程度高且污染面广。到了 20 世纪四五十年代，美国开始大面积采用截流式合流制排水系统。采用这种排水系统需要在河岸边建造截污干管，并设置溢流井，同时建设污水处理厂。截流式合流制排水系统对排水管道的容量要求较高，以在降雨时能够同时将工业废水、生活污水和雨水排放到下游。更重要的是，截流式合流制排水系统要求与之配套的污水处理厂有足够的水力条件，以容纳、贮存并处理废水。但事实上，污水处理厂对这些废水进行处理很难达到净水标准。因为在降雨量大（如暴雨）时，排水量可达到旱季流量（dry-weather flow, DWF）的 100 倍，要建设如此规模的截流式合流制排水系统和相应的污水处理厂，不仅要有巨额的资金投入，而且需要相当大的占地面积。

鉴于上述问题，20 世纪 60 年代末，分流制排水系统应运而生。顾名思义，分流制排水系统由两个独立的排水管道系统组成，一个系统将污水输送至处置地点；另一个系统负责输送地表径流，即将未经处理的雨水径流直接排入河湖水系。1953 年，北京市在全国率先确定了城市新建排水系统采取分流制的规划设计原则。当时人们普遍认为，分流制排水不会对河湖水系造成污染或造成的污染很小，两个独立的排水管道系统使得城市污水在排入河湖水系以前得到了处理。之后，随着分流制排水系统的广泛使用和相关研究的不断深入，人们发现，分流制排水系统不仅建设投入比合流制排水系统多 50% ～ 100%，而且存在污水排水沟与地面排水道粗糙连接带来的污染风险，地表排流的高污染力问题和合流制污水系统与分流制污水系统连接处的溢流问题，尤其是来自工业区排流的潜在危险。人们还发现，随着城市化的快速发展，地表径流初期冲刷物的污染力并不比未经处理的污水低，这使得分流制排水系统并不能有效解决河湖水系污染的问题。

1917 年，赫德里等发现，在排水系统的水位达到高峰以前，就已经有 90% 的污染物被带入溢流之中。当暴雨污水溢流进入河流时，在有些情况下，河流处于水位猛涨阶段，从而大大地稀释了溢流中的污染物；但有时河流并未受到暴雨的影响，其流量没有增加或增加得很少，则暴雨污水溢流对河流的污染会非常严重。

针对上述情况和问题，自 20 世纪 70 年代以来，各国尝试对雨水管理和利用进行创新和研究。总体来讲，雨洪管理已经从过去工程化的管渠、箱涵等方式逐步向模拟自然的生态化方式转变。其中最具代表性的包括：20 世纪 70 年代起源于北美的最佳管理措施（best management practices, BMPs）和在此基础上衍生出的低影响开发策略；以澳大利亚墨尔本作为示范城市开展的水敏性城市设计（water sensitive urban design, WSUD）；德国的《雨水控制及利用设施标准》（DIN 1989）。亚洲国家日本和新加坡也紧跟国际雨洪管理理念的转变趋势，提出了适合自身的雨洪管理理念。

1. 德国

1988 年，德国汉堡最早颁布了对建筑物雨水利用系统的资助政策，并实施了"雨水费"制度。这项制度规定不管是个人还是企业，直接向下水道排放雨水都必须按房屋的不渗水面积交纳每平方米 1.84 欧元的费用，但是房屋采用了雨水利用设施的就可以获得减免和优惠。1989 年，德国出台了《雨水控制及利用设施标准》（DIN 1989），强调通过人工设计，依赖水生植物、土壤的自然净化作用，将雨水利用与景观设计相结合，从而实现社会与生态环境的和谐统一。该标准提出构建屋面雨水收集系统、道路雨水渗透系统和居住区渗排浅沟系统，针对雨水利用设施的规划设计、施工建设和运行管理制定了规范，明确新建或改建开发区必须考虑雨水利用。

2. 美国

BMPs 分为两大类，即工程措施和非工程措施。工程措施通过兴建工程设施达到管理径流、控制污染的目的，如修建沉淀池、渗滤坑、多孔路面、滞留池等。非工程措施则通过日常管理达到雨洪管理的目的，如限制除冰盐的使用、对雨洪管理理念进行宣传等。

相较于 BMPs，LID 措施更强调通过地形塑造、植物种植等景观设计手法实现对雨水径流的管理和控制，改善城市生态环境[USEPA（U.S. Environmental Protection Agency，美国环境保护署），2000]。在商业发展充分、寸土寸金的大都市，LID 措施具有占地少、分散化、可与城市规划中的景观建设相结合的显著特点，并且造价低于 BMPs，这使得 LID 措施的可推广性和可实施性大幅增强。

LID 设施主要包括生物滞留池（bioretention）、雨水花园（rain garden）、植草沟（grass swale）、绿色屋顶（green roof）、地下储水箱（cistern）、植被过滤带（vegetative filter strip）和透水路面（permeable pavement）等。

3. 日本

日本在 20 世纪中叶修建了大量蓄水池用于雨水再利用。近年来，各种形式的雨水入渗设施，如渗沟、渗池等应用较多。这些雨洪管理设施规模较小，被广泛设置在居住建筑的前后空间中，可就近收集、下渗雨水径流。

德国、美国、日本的城市雨洪管理体系对比如表 1-1 所示。

表 1-1　德国、美国、日本的城市雨洪管理体系对比

国家	提出时间	相关的法律、政策手段	管理要求	实施措施和成效
德国	20 世纪 90 年代	《联邦水法》；《联邦水法》补充条款；地区法规；征收雨水排放费用	强调"排水量零增长"，对新建或者改建开发区，开发后雨水径流必须经过处理达标后才允许排放	康斯伯格社区（150 万 m²）开发前雨水流失量为 14 mm/a，开发后雨水流失量为 19 mm/a，两者非常接近，远低于普通居民区的雨水流失量 165 mm/a。 仅 20 世纪 90 年代，德国投入使用的小型分散性雨水收集利用装置就超过 10 万套，雨水集蓄使用量大于 60 万 m³

国家	提出时间	相关的法律、政策手段	管理要求	实施措施和成效
美国	1972 年	《联邦水污染控制法》；《水质法案》；《清洁水法》；用减免税收、发放补贴、发行义务债券和贷款等方式鼓励雨水利用	对新开发区和改建区提出了较高的要求，即雨水下泄量不得超过开发前的水平，并且滞洪设施的最低容量应能控制 5 年一遇的暴雨径流，即强制执行就地滞洪蓄水	2007 年，美国环境保护署对低影响开发项目进行了"初步效益—费用"评估。结果显示，相较于传统的雨洪管理技术，低影响开发技术节约了 15%~80% 的雨洪管理建设成本。美国加利福尼亚州福雷斯诺市的"渗漏区"（leaky area）地下水回灌系统在 1971 年至 1980 年的 10 年间，回灌总量为 1.338×10^8 m³，是该市年用水量的 1/5
日本	1980 年	日本建设省推广"雨水贮留渗透计划"；1988 年成立民间组织日本雨水贮留渗透技术协会；1992 年颁布《第二代城市下水总体规划》；雨水管理项目的补助费用达到总投入的 1/3~1/2	将透水地面、渗塘和雨水渗沟作为城市总体规划的组成部分，要求新建和改建的大型公共建筑群必须设计雨水就地下渗设施	经过日本建设省有关部门对渗透池、渗透侧沟、透水铺装、调节池等渗透设施长达 5 年的观测和调查，东京附近 20 个平均降雨量为 69.3 mm 的地区的径流流出率由 51.8% 降低到 5.4%，平均流出量由原来的 37.59 mm 减少到 5.48 mm

4. 澳大利亚

水敏性城市设计理念是针对传统的快排速泄所存在的问题提出的一种雨洪管理理念。该理念试图将雨水要素整合到城市形态中，将雨水作为一种替代水源推广使用，以实现降低饮用水需求量、提升城市环境品质的多重目标。该理念的核心是将雨水的循环利用作为一个整体，将收集的雨水作为一种景观要素，从而与 BMPs 和 LID 小尺度设施的分散式管理控制模式相区别。水敏性城市设计将原本偏向工程范畴的雨洪管理模式向与景观、生态、城市发展结合推进。

5. 新加坡

新加坡位于热带地区，雨水充沛，但实际上新加坡却是最缺水的国家之一，人均水资源量极低。这主要受制于其国土狭小、天然河流短等。因此，新加坡将整个国土的 60% 作为集水区，对集水区内土地的用地性质进行严格把控，防止污染。同时，为收集雨水，还建造了 17 个水库。2006 年，新加坡政府提出了"ABC 水计划"，其主要理念是使环境、水体和社区更好地融合，以促进沟渠和水库等雨水管理设施与城市环境紧密结合；改善水质，去除污染物，保护下游生物；通过建设洁净的亲水社区提高人们的生活品质。"ABC 水计划"

中 A 的含义是"活化"（activate），即通过引入水上运动和增设水岸线的餐饮、休闲活动区域，把人的活动和水结合起来；B 的含义是"美化"（beautify），即美化沿河景观；C 的含义是"净化"（clean），除了在河流的上游对地表径流中的粗泥沙等污染物进行过滤，通过植被、植草沟等设施对地表径流中的污染物进行处理外，还有一个很重要的方面就是为避免施工现场的泥沙等污染物进入水体而采取一系列措施。"ABC 水计划"的主要设施包括沉淀池、植草沟、生物蓄水池和人工湿地等。

6. 中国

在我国，北京是第一个开展城市雨洪利用的城市。20 世纪 90 年代初，在"北京市水资源开发利用的关键问题之一——雨洪利用研究"研讨会上，与会专家提出了一些针对北京旧城区的雨洪处理对策和技术措施改进意见。2000 年，中德合作的"城区水资源可持续利用——雨洪控制与地下水回灌"项目启动，这是我国较早开展的雨洪利用项目之一。该项目通过建立示范小区并引进德国先进、成熟的雨洪利用技术与设备，收集、处理雨水后，或回灌补充地下水，或贮存用作市政杂用水。

从 2013 年开始，国务院、住房和城乡建设部、各省市相继出台了相关政策、文件，鼓励和推进海绵城市建设。《关于开展 2016 年中央财政支持海绵城市建设试点工作的通知》（财办建〔2016〕25 号）明确要求，各省份推荐的海绵城市建设试点城市必须满足的条件包括"试点区域集中连片（须包括一定比例的老城区）"。由此，我国城市雨洪管理方面的研究和实践热潮兴起，海绵城市建设步入了标准化和产业化的正轨。

车伍、唐磊、李海燕等研究了北京旧城保护中的雨洪管理控制方法，并针对旧城中社区、学校的雨洪管理改造情况，总结概括了旧城不同区域雨洪管理利用的模式，强调在解决旧城的雨水径流和合流制溢流污染问题时要避免对"合改分"单一路径的依赖，对需要且有条件进行"合改分"的区域采取雨水径流污染控制措施，对保留合流制的区域系统地开展合流制溢流污染控制。孔赟以江苏昆山朝阳路老城区改造为例，强调老城区海绵化改造应以问题为导向，重点解决积水、水环境污染问题，提出老城区应因地制宜地选择操作容易、改造动作较小的雨水断接、生物滞留设施和透水铺装等海绵技术。

唐志儒、王桀、梁振凯等在《旧城改造海绵城市规划设计探索——以嘉兴为例》一文中以浙江嘉兴环城路为例，强调了雨洪管理设施的工程建造方法。姚新涛、曾坚在《生态化导向下的旧城区微改造策略》一文中强调了旧城区生态改造的绿色屋顶改造、污水管网系统改造等方面的策略。贾蔚、陈昌仁在《基于"海绵城市"理念的小区多功能立体化复合排水系统》一文中基于海绵城市理念，从屋面、墙面、地面出发，构建了多功能立体化复合排水系统，以期对小区的车库和阳台产流进行有效管控。

刘玉兰在《老旧小区雨污系统低影响开发改造方案设计研究——以镇江市广东山庄为例》中分析了广东山庄小区雨污系统改造的必要性，提出了该小区雨污分流低影响改造的具体方案，并利用 SWMM（storm water management model，暴雨洪水管理模型）对改造方案进行效果评价。邹常亮在《低影响开发（LID）小区面源污染过程与控制效果研究》中以国家海绵城市建设试点城市镇江为例，对比分析了经海绵化改造的小区和未经改造的小区在产汇流过程和径流污染物浓度方面的差异，揭示了 LID 改造对污染物的前期积累和降雨过程的影响。

赵谱、邢国平、李岚在《居住小区雨水利用方案探讨与技术经济分析》一文中为天津市某住宅小区设计了一套雨水利用方案，并对方案进行了技术经济分析。张颖昕在《基于可持续雨洪管理的小区景观优化设计研究——以成都英国风情小镇为例》中从小区可改造的汇水面入手，按照从整体到局部再到整体的路径，提出了城市雨洪管理措施在居住小区景观改造设计中应用的可行性和具体的操作流程，最终总结出了一套适合该小区雨洪管理的景观方案，并通过模型模拟予以验证。

孙泽浩、张本效在《老旧小区立体绿化的可行性分析》一文中以增大老旧小区绿地面积、提高老旧小区绿化水平为目标，从技术手段、空间条件、经济效益、社会效益、风险管控五方面，通过对调研数据的 Kruskal-Wallis（克鲁斯卡尔-沃利斯）检验和多元回归模型分析，对老旧小区立体绿化的可行性进行分析。李岚等在《城市小区雨水利用的模拟分析》一文中选取天津市某小区，采用 SWMM 模拟得出该小区在开发建设前后的区域出口流量过程线和总径流量，分析评价了蓄水池和下凹绿地对小区雨水径流量的影响。

目前，我国既有居住区海绵化改造的实践可分为两类。一类为少措施介入型，主要针对 2000 年及以前建成的低绿化率小区，出于对资金成本的考虑，以更换铺装为主要方式，增强路面的透水性能，减少地表径流，如江苏镇江江二社区、北京志新村小区、浙江嘉兴烟湖苑小区等。另一类为整体改造型，多应用于 2000 年后建成的居住区。2000 年后建成的居住区的绿地面积较 2000 年及以前建成的居住区大幅增大，可采取更多类型的低影响开发措施，如北京通州紫荆雅园小区、浙江杭州美政花苑小区。

综上所述，在我国海绵城市建设的背景下，既有居住区海绵化改造在全国多个国家海绵城市建设试点城市中实践和落地，相关研究结合各个试点居住区的具体问题和情况提出了因地制宜的海绵化改造方案，并通过模型模拟和实施监测证实了方案的可行性和有效性。但不可否认，已有相关研究的在地性突出，绝大部分针对某特定居住区的雨洪管理问题，结合场地具体情况提出海绵化改造方案。这虽能够产生一些既有居住区海绵化改造的成功示范项目，但既有居住区海绵化改造在规划设计策略与方法层面的理论性和系统性研究仍显缺乏，这直接造成目前既有居住区海绵化改造普遍存在盲目占用绿地、停车场，随意布设 LID 设施的问题，进而导致海绵化改造雨洪管理效果不好这一突出问题的出现。

正如中国工程院王浩院士所提出的，海绵城市建设需要最先处理好"渗、滞、蓄、净、用、排"的设施布局问题。缺乏统筹规划，盲目地措施落地，不仅会造成工程建设浪费，而且不利于区域健康水文环境的营造与修复。因此，鉴于绿地对城市生态化雨洪管理的重要作用，从既有居住区的绿地布局模式入手，基于绿地布局与产汇流过程的内在关系提出既有居住区海绵化改造的规划设计策略与方法，是提高既有居住区海绵化改造系统性的重要路径。

1.3 居住区相关概念

1. 居住区

居住区是城市中由城市主要道路或自然界线所围合的，住房集中并设有与其居住人口规模相适应的、较完善的、能满足该区居民物质与文化生活所需的公共服务设施的相对独立的居住生活聚居地区。居住区由若干个小区或若干个居住组团组成，一般规模为30 000 ～ 50 000 人。

已建居住区按人口规模可分为居住区、居住小区和居住组团 3 个级别。本书研究的对象均为面临雨洪管理问题的已建居住区，其是海绵城市建设的重要区域。

2. 居住小区

居住小区是城市中由居住区级道路或自然界线所围合的，以居民基本生活活动不穿越城市主要交通线为原则建设的，并设有与其居住人口规模相适应的、能满足该区居民基本的物质与文化生活所需的公共服务设施的居住生活聚居地区。居住小区可由若干个居住组团组成，是组成居住区的基本单元，规模为 10 000 ～ 15 000 人。

3. 既有居住区

近年来，城市中建成的小区普遍存在开发强度大、建筑密度高、绿化率较低、有地下车库、环境维护用水量大等问题。从广义上来说，目前建成的居住区都可被定义为既有居住区。由于建设年代和规划理念不同，目前建成的不同居住区的状况相去甚远。

4. 老旧居住区

老旧居住区是根据时间来界定的。随着时代的发展与城市的更新，新建居住区会逐步成为老旧居住区。本书所指的老旧居住区是 2000 年及以前建成的、至今仍在居住使用的居住区。这类居住区自建成至今至少有 20 年的历史，许多居住区逐步显现出建筑老化、停车位短缺、空间功能丧失、环境被破坏等问题，在使用功能上无法满足居民的日常生活所需，亟待进行居住环境的更新、改善。

第2章 国内外既有居住区雨洪管理改造经典案例

2.1 国内既有居住区雨洪管理改造经典案例

2.1.1 上海新芦苑小区

上海作为第二批国家海绵城市建设试点城市之一，2016—2018 年投资了 81 亿元进行海绵城市建设，其中 15% 投资于已建城区海绵工程建设示范区。2016 年 11 月，《上海临港试点区海绵城市专项规划》（简称《专项规划》）和三年实施计划出台。《专项规划》综合考虑规划区生态资源要素分布、用地生态敏感性、内涝风险和地形标高，构建了"一核—两环—六楔—多片"的海绵城市自然生态空间格局。其中"多片"指在老城区、新建地区依靠"蓄、净、用、排"的手段达到区内雨水充分消纳、径流污染分级控制和超标雨水及时排出的目的，形成海绵城市建设与改造的示范效应。上海芦潮港社区新芦苑小区 F 区便属于示范区的范畴。

1. 小区概况

新芦苑小区 F 区位于上海芦潮港社区，建于 2006 年，绿化率为 35%。

2. 现状问题

小区雨污混流问题严重，路面易积水，降雨时影响居民的正常出行；小区停车场雨水渗透能力弱，常发生管网溢流致雨水径流排至道路造成积水的情况。小区内生态环境破坏情况较严重。

3. 改造难点

（1）小区雨污管道错杂，分离雨污管道并对初期雨水进行水质净化是急需解决的问题。

（2）小区内的儿童游乐场与停车场常有积水现象出现，在提升场地雨洪调控能力的同时还需确保场地功能的有效性。

4. 改造策略

本小区的改造策略为径流消减、污染控制。海绵化改造过程为：先处理管道混接问题，断开雨污混接管道，将污水管道改接至污水管网系统；然后重新铺设雨水管道，与雨水花园的溢流系统相衔接，健全小区内排水系统；对绿地采取多种低影响开发措施，如设置植草沟、雨水花园等，对雨水径流进行水质净化，待雨水流经多种自然介质（包括土壤、砾石、鹅卵石、植物根系等）得到过滤、净化后，再进行下渗或溢流汇入雨水管道；利用透水铺装、下凹绿地等提高场地的滞蓄能力，减少地表雨水径流。小区改造技术路线如图 2-1 所示，改造剖面示意如图 2-2 所示。

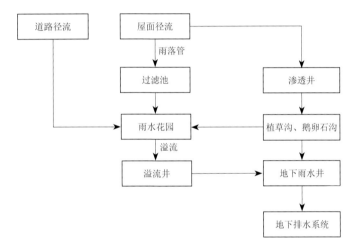

图 2-1　新芦苑小区改造技术路线

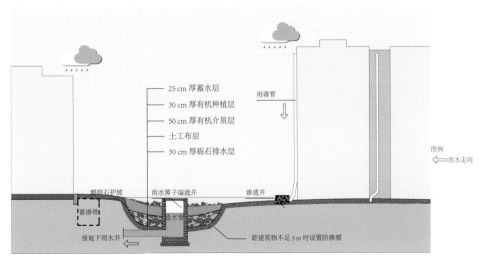

图 2-2　新芦苑小区改造剖面示意

5. 改造方法

首先，处理雨污管道混接问题。将错接入雨水管道的污水管道改接至污水管网系统；局部调整雨水管道路径，将其与雨水花园的溢流系统相衔接，健全小区内排水系统。

其次，采取低影响开发措施，包括设置植草沟、雨水花园等，从源头对雨水径流进行水质净化，待雨水流经多种自然介质（包括土壤、砾石、鹅卵石、植物根系等）得到过滤、净化后，再进行下渗或溢流汇入雨水管道。建筑雨落管以断接方式接入渗透井，雨水经渗透净化后再汇入雨水花园。

最后，将小区道路、停车场、面状广场、公共开敞空间的地表铺装更换为透水铺装，在实现雨水有效渗透的同时，保障原有空间的功能。

2.1.2　江苏镇江江二社区

1. 小区概况

江二社区位于江苏省镇江市，其海绵化改造属于 2014 年启动的"镇江市金山湖区域生态排水防涝、面源污染控制系统关键技术研究及工程示范"项目，是镇江市首个完全按照海绵城市的要求进行改造的试点项目。社区总面积约为 19 000 ㎡，改造主要针对 102 栋至 111 栋这 10 栋楼和停车场。江二社区位于江滨小区中部，始建于 20 世纪七八十年代，地面标高为 4.7～4.8 m。

2. 现状问题

江二社区属于老旧小区，内部雨污管道混接情况严重，部分居民私自改造排水管，将厨房污水管直接接入雨落管，造成雨污混流。

管网设计标准为 1 年一遇，抗洪涝风险能力极差，社区存在内涝问题和面源污染问题。

居民占用社区内的部分绿地，并将其改为硬质地面，导致社区地面的雨水渗透能力变弱。

3. 改造难点

社区雨污管道混接，在改造初期需要对原先的雨污管网进行梳理，实现雨污分流。

社区原先绿化时使用的本地土壤黏性较大，渗透率低，约为 3.4 mm/h，无法满足雨水快速渗透的要求。

4. 改造策略

本社区的改造策略为径流控制、污染消减，实现雨水利用。对江二社区海绵化改造这个重点项目，设计人员探索采用以 LID 技术方案解决内涝问题的新思路，以 LID 技术为主，采取综合措施系统地解决 30 年一遇的内涝问题，实现 70% 的面源污染消减。面源污染控制流程如图 2-3 所示，社区 LID 设施平面布置如图 2-4 所示。

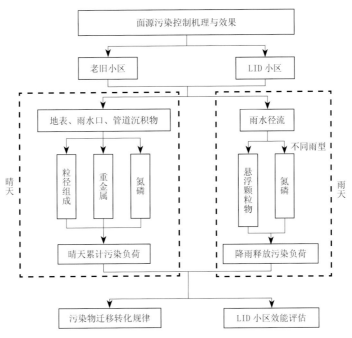

图 2-3　面源污染控制流程

5. 改造方法

1）雨落管改造

自屋顶断开雨落管，保留原有的雨水立管作为污水管道继续使用，并将其接入污水管道系统。自屋顶设置新的雨水立管，引流屋面雨水散排至下凹式雨水花园中，实现雨污分流。

2）绿地改造

雨水花园严格按照设计换填种植土，渗透率不低于 150 mm/h，并将道路雨水口就近接入雨水花园。由于社区内的绿地和居民活动空间有限，采用叠加使用空间的处理手法，如将木平台架于雨水花园上，在保证居民的日常交流活动空间不缩减的情况下实现雨水花园的功能。雨水花园平面布置如图 2-5 所示。

3）停车场改造

停车场采用透水铺装，下设 600 mm 厚的同粒径碎石，以增加调蓄量。停车场的两侧增设雨水花园和约 50 m³ 的调蓄模块，所蓄雨水用作社区绿化用水。停车场设计标准为 20 年一遇，可作为社区内涝蓄洪设施。

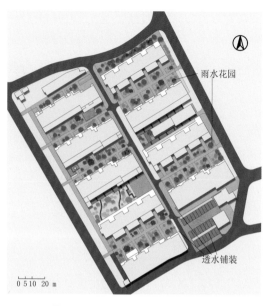

图2-4 江二社区LID设施平面布置

4）道路改造

所有道路雨水口就近接入居民楼前的雨水花园，居民楼前的道路普遍采用增厚碎石层结构的透水铺装。透水铺装平面布置如图2-6所示，剖面示意如图2-7所示。

江二社区现状和LID试点建成后的状况分别如图2-8和图2-9所示。

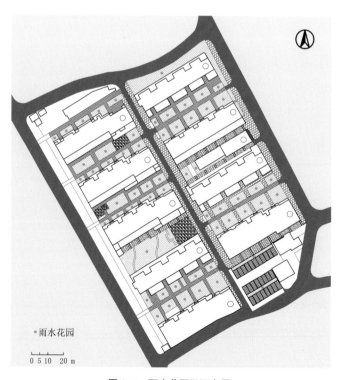

图2-5 雨水花园平面布置

● 透水铺装
● 透水停车场

0 5 10　20 m

图 2-6　透水铺装平面布置

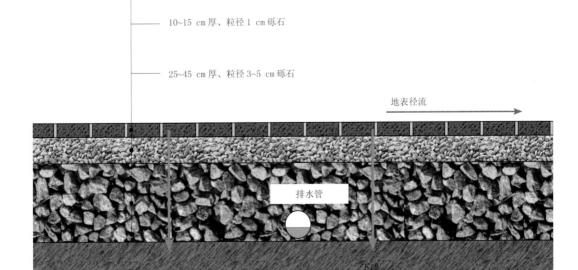

图 2-7　透水铺装剖面示意

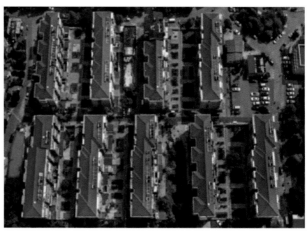

图 2-8　江二社区现状　　　　　　　　图 2-9　江二社区 LID 试点建成后的状况

2.1.3　浙江嘉兴中洲花溪地小区

1. 小区概况

中洲花溪地小区位于浙江省嘉兴市较繁华的地段，总用地面积为 66 195.8 m²，建筑占地面积为 13 239 m²，绿化面积为 30 594.37 m²，硬质铺地面积为 16 842.53 m²。其西部与曹家桥港绿地相邻，南临由拳路。

2. 现状问题

小区夏季易发生洪涝问题。嘉兴市地处亚热带气候区，雨水充沛，梅雨季节容易发生洪涝问题，排水不畅；此外，7、8 月常常出现台风和强降雨，极易加大洪涝的风险。小区内现有的雨水管网建设年代久远，无法有效地收集和利用雨水，造成了资源浪费和水质污染。

3. 改造难点

小区东区地面是地下车库顶板，覆土较浅，且覆土渗透能力较弱。如何处理好东区雨水的排渗问题，如何在厚 1.5 m 的车库顶板覆土中设置蓄水池，既保证车库顶板的安全性又提高蓄水效率，是设计人员需重点考虑的问题。

4. 改造策略

本小区的改造策略为汇流渗透、截污传输、回蓄利用。针对地下车库顶板覆土渗透能力弱的问题，东区被设置为一级雨水滞留区，该区产生的雨水径流一部分就地经生物截流、过滤、净化后储存于储水箱中；另一部分沿植草沟汇入西区。西区作为二级雨水滞留区，

促进雨水下渗。小区海绵城市景观设计体系如图 2-10 所示，两级雨水滞留体系如图 2-11
所示，海绵技术应用示意如图 2-12 所示，生物滞留池如图 2-13 所示。

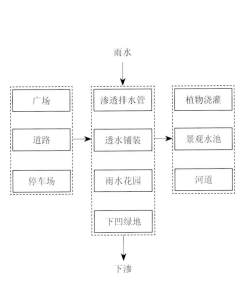

图 2-10 中洲花溪地小区海绵城市景观设计体系

图 2-11 中洲花溪地小区两级雨水滞留体系

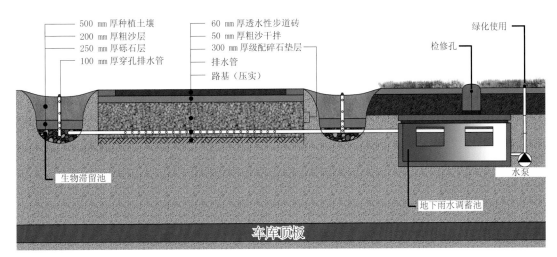

图 2-12 中洲花溪地小区海绵技术应用示意

图2-13　生物滞留池

5. 改造方法

1）绿地改造

本小区东区建筑较密集，且分布有地下车库，故渗透能力较弱。因此在东区地表设置了较小型的雨水渗透滞留设施，并通过人工塑造场地地形，让雨水尽可能地由东区向西区流动，对径流汇集速度进行有效的控制。除此之外，东区的建筑之间存在大量庭院空间，其中穿插设置了不同形式的生物滞留池，雨水经收集、过滤后被储存在储水设备中。西区设置了下凹绿地，下凹绿地是主要的渗透区域，能够对来自东区、西区的雨水进行净化和滞留，从而起到径流管控的作用。

2）交通改造

人行道、广场、庭院等均采用透水铺装，且透水铺装占硬质地面的40%及以上，以保证雨水的渗透率。对东区地下车库顶板的处理考虑到了顶板的承重能力和覆土厚度，采用顶板上设置和车库内设置两种方式相结合的办法，解决了地下车库和蓄水池结合的问题。地上停车区域采用透水性良好的嵌草铺装，既有利于增大绿地面积，也有利于雨水渗透。

3）雨落管改造

降落在屋面的雨水通过雨落管断接的方式进入下凹绿地，或者先进入雨水桶储存起来，再通过排水沟等设施进入邻近的绿地，也可以用作景观用水等。

小区车库蓄水池示意如图2-14所示，雨水收集回用系统如图2-15所示。

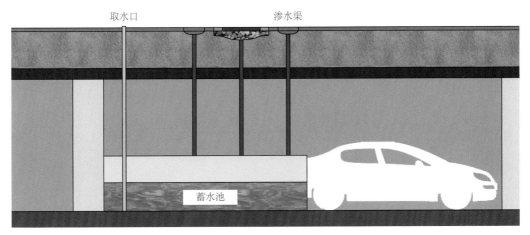

图 2-14　中洲花溪地小区车库蓄水池示意

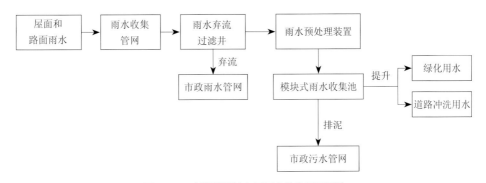

图 2-15　中洲花溪地小区雨水收集回用系统

2.1.4　四川遂宁金色海岸小区

1. 小区概况

金色海岸小区位于四川省遂宁市老城区，2005 年建成，总用地面积为 57 000 m²，建筑占地面积为 26 849 m²，建筑密度约为 47.1%，绿化面积为 8 975 m²，约占总用地面积的 15.7%，道路硬化率达 80% 以上。小区居住人口约有 1 万人，现状影像如图 2-16 所示。

2. 现状问题

小区内雨水管道老旧且排布混乱，雨季时由于雨水管道过流能力不足，地表雨水漫流，排水不畅，排水管网压力较大。场地存在面源污染问题，周边河水水质较差，为劣 V 类水。

降水峰值靠前，从现状降水记录来看，小区内的降水很快达到峰值，洪涝发生的危险系数较高。

图 2-16　金色海岸小区现状影像

3. 改造难点

小区现状管网系统较复杂，且小区已使用 10 年以上，设施老旧，给管网改造带来了一定的困难。场地原有的竖向设计很容易造成积水问题。场地西南地区较高，东南地区较低，易产生局部积水问题。下垫面改造空间有限，硬质下垫面占比较大。

4. 改造策略

本小区的改造策略为径流控制、峰值控制、污染消减。改造过程应遵循如下原则：避免过多的土方工程，充分尊重原有竖向条件，合理组织径流汇集方向，利用雨水花园、透水铺装、植草沟、绿色屋顶等低影响开发设施提高滞蓄能力；构建径流峰值控制系统，峰值控制设施与低影响开发设施组合布局，优先选用具有调蓄功能的 LID 设施，结合丘陵地区的特点，因地制宜地进行峰值控制；合理设计污染物去除步骤，计算不同污染物控制设施的污染物去除率，根据雨水径流方向合理确定污染物控制设施的位置和顺序，达到以最高效率去除污染物的目的。小区改造技术路线如图 2-17 所示，海绵设施系统平面布局如图 2-18 所示，海绵化改造方案如图 2-19 所示。

5. 改造方法

1）绿地改造

充分利用现有小区绿地进行改造，将现有块状绿地改造为雨水花园，并种植具有过滤、净化作用的植物，形成新的群落生态系统，增强雨水滞蓄能力。此外，在地下增加数条盲管，雨水通过地面的导流沟、植草碎石下渗带进入盲管，整体构建地上、地下排水系统。

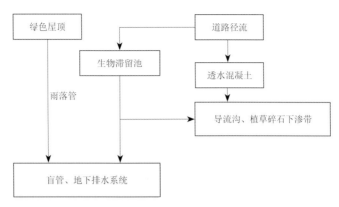

图 2-17　金色海岸小区改造技术路线

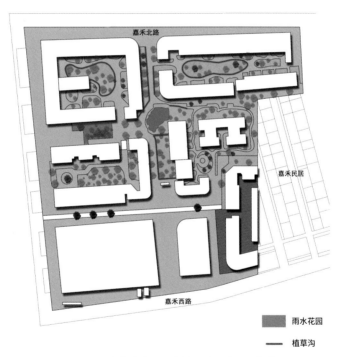

图 2-18　金色海岸小区海绵设施系统平面布局

2）屋顶改造

将原有的屋顶改造为绿色屋顶，实现屋面径流与道路径流的分流收集，尽可能地滞留和调蓄雨水，从而达到降低洪峰的效果。

3）交通设施改造

小区没有地下停车场，因此大部分通行车辆需要停放在地面，这对路面的抗压性有一定的要求，因此使用了强度较大且渗透性较好的透水混凝土；对其他车行、人行道路，主要进行材料的替换，分别替换为透水混凝土、透水砖，以增强其雨水渗透能力。

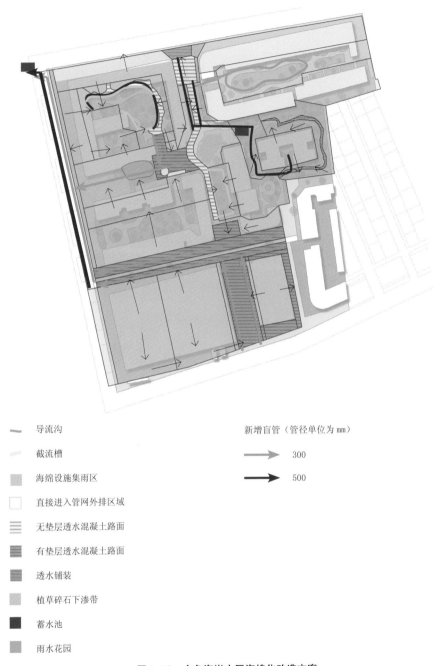

导流沟

截流槽

海绵设施集雨区

直接进入管网外排区域

无垫层透水混凝土路面

有垫层透水混凝土路面

透水铺装

植草碎石下渗带

蓄水池

雨水花园

新增盲管（管径单位为 mm）

300

500

图 2-19 金色海岸小区海绵化改造方案

4）雨落管改造

现存雨落管老旧，且暴露在建筑外部，美观性较差，因此对雨落管和地下管网系统进行了统一的改造，既增强了美观性，又完善了功能。

2.1.5 北京通州紫荆雅园小区

1. 小区概况

紫荆雅园小区建于 2002 年,位于北京市通州区两河片区,区位如图 2-20 所示。其总用地面积为 11.5 万 m^2,包含 17 栋住宅建筑,建筑占地面积为 23 428 m^2,道路面积为 17 612 m^2。小区绿地率为 33.36%,不透水率为 66.64%。

图 2-20 紫荆雅园小区区位

2. 现状问题

小区内绿地普遍高于道路,雨后地表径流无法汇入绿地;在给排水方面,小区现在采用雨污分流处理系统,但排水管道布置不完善,部分楼宇间无排水管道连通。

3. 改造难点

小区地势平坦,不利于雨水收集和径流控制。在海绵化改造中,如何通过竖向调整重新组织小区内的汇水分区是需要解决的一个重点问题。

4. 改造策略

本小区采用小海绵尺度小区系统构建改造策略,通过增加源头雨洪管理设施、提升管网过流能力、设置旋流沉沙设施、改造末端污水处理厂站等治理措施,达到年径流总量控制率提高、面源污染消减、雨水资源利用率提高等建设要求,构建绿色、环保、智慧的海绵社区。

本小区在改造中设置了一轴(中轴)、两带(西入口 LID 实施示范带与梧桐大道景观带)、多节(分散的 LID 设施),结合现状雨水管道的布置组织汇水分区,以此为依据调整道路和绿地的坡向,进一步细分 LID 子汇水分区,实现地表有组织的汇水。

本小区海绵化改造的布局结构如图 2-21 所示,海绵化改造技术路线如图 2-22 所示,子汇水分区布局如图 2-23 所示,LID 设施布置如图 2-24 所示。

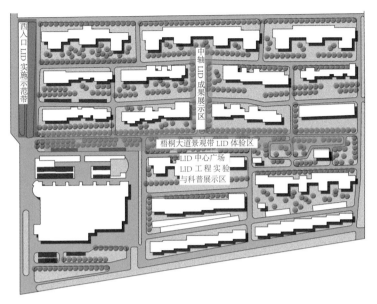

图 2-21　紫荆雅园小区海绵化改造的布局结构

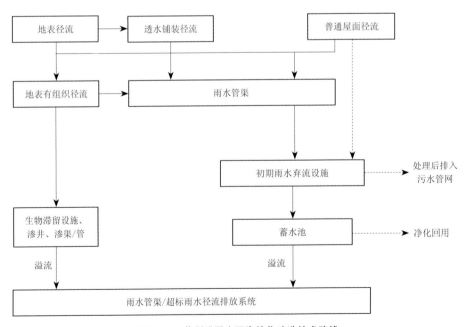

图 2-22　紫荆雅园小区海绵化改造技术路线

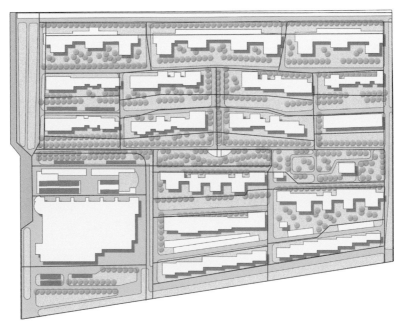

图 2-23　紫荆雅园小区子汇水分区布局

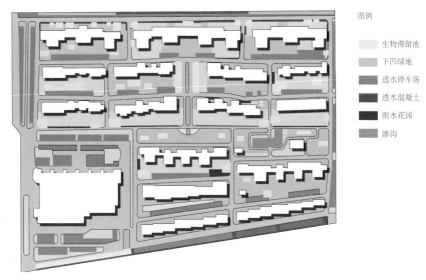

图例

生物滞留池

下凹绿地

透水停车场

透水混凝土

雨水花园

渗沟

图 2-24　紫荆雅园小区 LID 设施布置

5. 改造方法

1）绿地改造

利用宅旁绿地设置生物滞留池、下凹绿地、渗沟、雨水花园等 LID 设施，可以起到收集屋面、道路雨水的作用。各生物滞留池、下凹绿地等雨水径流调蓄设施之间通过植草沟连接，降低了场地的管道铺设成本。此外，绿地中微地形的塑造可有组织地引导绿地中的雨水进入收集设施。

2）雨落管改造

更换居民楼破损的雨落管，在雨落管末端布设植草沟、渗沟等 LID 设施，将通过雨落管流出的建筑屋面的雨水有组织地引入绿地，进行统一下渗处理；沿途设置 LID 知识宣传牌，加深居民对雨洪管理的认识、理解，普及海绵城市的相关知识。

3）道路改造

重新组织小区内的交通系统，分离人车道路。人行道采用透水混凝土路面，车行道采用透水沥青路面，在修整、更新小区路面的同时满足透水铺装率的要求。对现有的停车场进行海绵化改造，铺设透水砖和嵌草砖，以收集周边的雨水。

小区海绵化改造的效果如图 2-25 和图 2-26 所示。

图 2-25 海绵化改造后紫荆雅园小区局部（一）

图 2-26　海绵化改造后紫荆雅园小区局部（二）

2.1.6　天津儒林园小区

1. 小区概况

儒林园小区位于天津市河西区，总面积约为 9.66 万 m^2，现状绿地面积约为 23 967 m^2，绿地率为 24.8%。本小区的海绵化改造是典型的老旧小区海绵化改造案例。

2. 现状问题

小区建造年代较久远，设施老旧，现有内部道路大多存在不平整、坑坑洼洼等问题，内涝风险较高；停车位短缺，无法满足小区居民的停车需求；小区环境维护较差，存在土壤裸露、植被景观性较差等问题。

3. 改造难点

小区现状地下水位较高，限制了海绵设施的布设深度，进而限制了地表 LID 设施的雨洪调蓄容积。

小区东北角有来自周边菜市场和小吃街的汇水，存在一定程度的面源污染隐患。

4. 改造策略

本小区的改造策略为合理布局、径流控制、深度把握。根据现状地形和雨落管的位置合理进行 LID 设施布置，尽可能地利用现状条件进行海绵化改造；在适当的部位设置调蓄池，以实现雨水收集再利用；考虑到地下水位较高，各类结构设施的深度不可超过 1.2 m。小区雨水调蓄控制流程如图 2-27 所示。

5. 改造方法

1）绿地改造

将小区现有绿地，特别是容易积水的部位改造为雨水花园、下凹绿地等，并种植具有生态作用和污染处理作用的植物，改善原有的景观效果。将小区东侧的广场改造为下沉广场。此外，针对来自附近的菜市场和小吃街的径流污染，对小区东北角的雨水口进行改造，设置截污挂篮，避免对汇入管网的径流造成二次污染。小区绿地如图 2-28 所示。

2）道路改造

小区原有道路采用水泥铺装，改造后采用透水铺装，提高了透水率；针对小区停车位不足的情况，新增停车位，并采用嵌草砖和透水砖进行铺装。小区生态停车位如图 2-29 所示。

3）雨落管改造

小区建筑雨落管下的散水因为长期受雨水冲刷而存在一定程度的破损。在改造中，对雨落管下缘进行断接处理，并与植草沟相连，在对屋面雨水径流进行管控的同时减小对建筑散水的破坏。小区雨落管如图 2-30 所示。

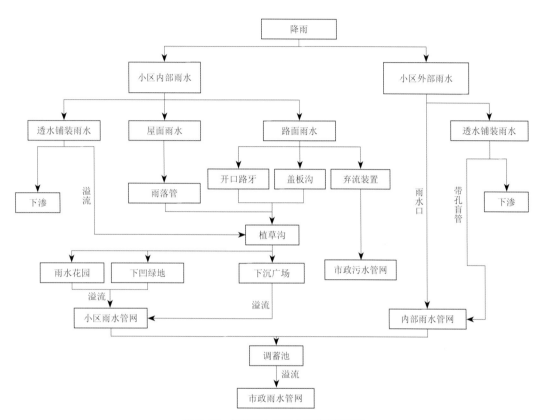

图 2-27　儒林园小区雨水调蓄控制流程

图 2-28　儒林园小区绿地

图 2-29　儒林园小区生态停车位

图 2-30　儒林园小区雨落管

2.1.7 案例总结

对上述我国既有居住区雨洪管理改造经典案例进行梳理、比较发现，目前我国既有居住区在雨洪管理方面存在如下共性问题。

（1）老旧小区普遍存在雨落管布设不完善，雨污管道混接，甚至生活污水管道私接雨落管的现象，雨污混流造成了水质污染。

（2）目前老旧小区雨天易积水的主要原因是小区内场地的渗透性差，地表径流无法借地势或通过沟渠顺利地排入渗透性较好的绿地，给雨水管网带来了很大的排水压力；同时存在着小区空间利用不合理，雨水作为资源未被有效利用的问题。

（3）北方地区降水较少，小区日常绿化管理维护用水量大，水景常因用水成本问题停用，存在明显的用水缺口；而南方地区潮湿多雨，内涝防治压力较大，面源污染隐患多。

针对上述问题，前文所述各小区改造项目都提出了相应的海绵化改造方案，小区存在的雨洪管理问题也都得到了一定程度的缓解。海绵化改造集中采用了以下3种方式。

（1）小区内的道路、停车场、公共活动空间尽可能改为透水铺装。

（2）在避免对建筑基础、道路基础产生负面影响的前提下，局部减小绿地表面高程，增设下凹绿地或生物滞留池。

（3）沿道路规划设计砾石沟或植草沟，收集道路雨水。

2.2 国外既有居住区雨洪管理改造经典案例

2.2.1 美国高点（High Point）住宅区

1. 小区概况

高点住宅区位于美国华盛顿州西雅图市，占地 49 万 m^2。在第二次世界大战期间，这里专门为政府提供住房。到了 20 世纪 90 年代，该住宅区成为低收入人口的主要居住地。高点住宅区有 1 600 栋独立住房，人口密度高，其平面图如图 2-31 所示。

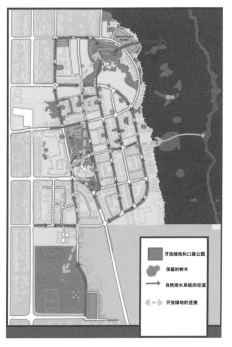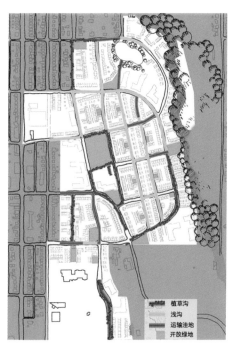

图 2-31 高点住宅区平面图
（来源：王沛永等，《美国 High Point 住宅区低影响土地开发（LID）技术应用的案例研究》）

2. 现状问题

高点住宅区邻近城市河流，其产生的生活污水和雨水合流会造成城市水系污染。

3. 改造策略

本住宅区的改造策略为模拟自然水文过程、源头控制、兼顾景观效果。为了避免对城市水系造成污染，高点住宅区于 2003 年进行了改造，引入低影响开发雨洪管理理念和方法，不仅形成了舒适的人居绿地空间和步行系统，而且有效改善了水质，对雨水进行利用。本住宅区的设计根据场地条件模拟自然水文过程，综合采取了多种 LID 措施进行雨洪管理，如设置植草沟、雨水花园、调蓄池、渗沟等。住宅区的雨洪管理模式如图 2-32 所示，LID 技术体系如图 2-33 所示。

4. 改造方法

1）道路与停车场改造

高点住宅区在道路与停车场的改造中使用了透水铺装，透水铺装可以有效减少雨水径流，也有一定的去除径流污染物的作用。

除了更换透水铺装以外，设计人员在不影响通行和停车的情况下减小铺地面积，以提高绿地率。在道路宽度满足正常通行要求的情况下，减小道路宽度不仅可减小不透水铺装面积，还可以提供尺度适宜的街道空间。

2）屋顶雨水收集改造

高点住宅区建筑密度高，屋顶面积较大，雨水径流大部分来自屋顶。在改造中以对100% 的屋顶雨水径流进行管控为目标，在屋顶雨水汇流的全过程中采取了一系列措施，以达到从源头控制径流的目的。为了控制雨水的流速并减小落水对地面的冲刷力，设计人员使用了导流槽、雨水桶、涌流式排水装置和敞口式排水管。导流槽是具有一定坡度的石板或混凝土板，位于雨落管下缘，与雨落管相连，可降低雨水的流速并进行导流。考虑到景观效果，导流槽可以设计成不同风格和样式的，以形成独特的景观艺术。

屋顶雨水也可以使用雨水桶接收，桶内设置滤网，过滤掉水中的碎屑，经过初步的过滤，雨水可作为水源再次利用。

屋顶雨水落到地面后，雨水径流通过阶梯式导流渠、导流花园等排入汇水线，最终被收集到住宅区内的集中调蓄池中。场地的地表条件、坡度不同，可选择的导流方式也不同。

3）地表排水系统改造

高点住宅区的地表排水系统由道路旁的植草沟组成，通过竖向设计和路缘石断接的处理方式来收集、引导、输送来自街道和屋顶的雨水。遇强降雨时，植草沟可将过量的径流疏导至住宅区北部的池塘蓄积。池塘与城市河流连通，在提高住宅区景观品质的同时，还可作为城市河流的屏障，保障入河径流的水质。

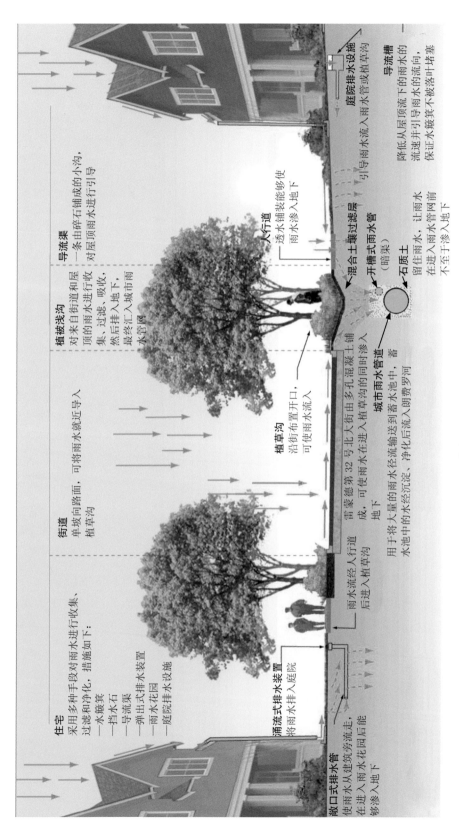

住宅
采用多种手段对雨水进行收集、过滤和净化，措施如下：
—水簸箕
—挡水石
—导流槽
—涌出式排水装置
—雨水花园
—庭院排水设施

导流槽
一条由碎石铺成的小沟，对屋顶雨水进行引导

植被浅沟
对来自街道和屋顶的雨水进行收集、过滤、吸收，然后排入地下，最终汇入城市雨水管网

街道
单坡向路面，可将雨水就近导入植草沟

植草沟
沿街布置开口，可使雨水流入

入行道
透水铺装能够使雨水渗入地下

混合土壤过滤层
引导雨水流入植草沟

开槽式雨水管道（暗渠）
留住雨水，让雨水在进入雨水管网前不至于渗入地下

石质土

城市雨水管道
用于将大量的雨水径流输送到蓄水池中，蓄水池中的水经过沉淀、净化后流入朗费罗河

雷家德第32号北大街由多孔混凝土铺成，可使雨水在进入植草沟的同时渗入地下

雨水流经入行道后进入植草沟

庭院排水设施
引导雨水流入雨水管或植草沟

导流槽
降低从屋顶流下的雨水的流速并引导雨水的流向，保证水不被落叶堵塞

敞口式排水管
使雨水从建筑旁流走，进入雨水花园后能够渗入地下

涌流式排水装置
将雨水排入庭院

图2-32 高点住宅区的雨洪管理模式

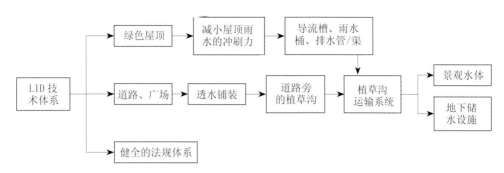

图 2-33 高点住宅区的 LID 技术体系

　　将住宅区内的植草沟局部拓宽、加深，形成蓄水池点缀于地表排水系统中，对系统内的汇流速度进行调节。蓄水池设有溢流口，水位超过溢流口高度后发生溢流，水汇入北部的池塘。

　　改造后的效果如图 2-34 和图 2-35 所示。

图 2-34　高点住宅区改造后的效果（一）
（来源：www.seattle.gov）

图 2-35　高点住宅区改造后的效果（二）
（来源：www.seattle.gov）

2.2.2　瑞典奥古斯滕堡小区

1. 小区概况

奥古斯滕堡小区建于 1948—1952 年，可以容纳 3 000 人居住。小区的功能多样，除了住宅区域，还包含学校、公园和工业园区。

2. 现状问题

小区已建成半个多世纪，早已无法适应城市的发展与人口的增长。小区的排水系统采用雨污合流的模式，雨水、生活污水和工业废水排进同一管网系统，然后被输送到当地的废水处理厂，经三级处理后排入大海。雨污合流的模式不仅造成了雨水资源的浪费，而且雨水径流污染问题严重。在暴雨季节，小区面临着地面雨水泛滥经常淹没建筑地下室的威胁。

3. 改造目标

1997 年，奥古斯滕堡小区作为欧洲旧区更新改造的试点区域启动了改造工程，目的是建成生态型示范区——"生态之城奥古斯滕堡"（Ekostaden Augustenborg），作为其他城市可持续发展的范例。此次改造包括改善 1 800 个住宅单元，建立具有试验性质的废弃物循环使用系统和能够降低暴雨期间地下室遭淹没的可能性的雨水排放系统。改造后的奥古斯滕堡小区如图 2-36 所示。

图 2-36　改造后的奥古斯滕堡小区
（来源：https://climate-adapt.eea.europa.eu）

4. 改造策略

本小区的改造策略为源头处理、降低峰值、减少径流。奥古斯滕堡小区更新改造项目采用景观化的雨洪管理方式，将水体景观设计与雨洪管理设施布局相结合，旨在营造可持续利用的水环境，并减小市政雨水排放系统的压力，同时加强对雨水资源的利用，实现局部环境的生态水循环平衡。小区的雨洪管理从全局出发，进行系统规划，从雨水滞留、储存、渗透、收集和排放几方面实现雨洪管理。

5. 改造方法

1）屋顶绿化

建设屋顶花园是奥古斯滕堡小区更新改造采用的主要手段之一。屋顶花园从源头阻留雨水，可以有效推迟场地产生地表径流的时间，减小径流量。设计人员充分考虑了雨水的循环使用问题，使雨水经过多种水生植物的初步净化后可以循环使用。

2）水体景观设计

根据不同的地形环境，设计人员综合考虑水体景观与雨洪管理设施的结合，注重雨洪管理设施的景观化表达。项目保留原有的中央水塘作为水体景观主体，并在主要节点空间设置汇水池塘收集雨水，利用不同形式的明沟水渠输送雨水，形成雨水输送网络，连接各个节点池塘与中央水塘，形成了点线结合、贯穿全区域的整体水景格局。

明沟水渠的形态随地势、地形而灵活变化，有笔直的水道、弯曲的水岸和绿地中的低洼地沟。设计人员还在上述雨水径流通道上设置了阻碍雨水流动的混凝土预制块（图2-37和图2-38），以降低雨水径流对周围环境的冲刷强度。

图2-37 奥古斯滕堡小区雨水径流通道（一）
（来源：https://climate–adapt.eea.europa.eu）

雨水径流的汇流过程为雨水流入明沟水渠进行输送，在节点池塘进行储存、净化，如图2-39所示。该汇流路径有效延长了雨水的汇流时间，提升了小区应对洪涝灾害的能力。小区原有的地下雨水管网与地表生态雨洪管理系统相互配合，进行雨水的调节。这是雨洪管理建设探索中较早利用灰绿结合模式的实例。

图 2-38 奥古斯滕堡小区雨水径流通道（二）
（来源：www.svenskmarkbetong.se）

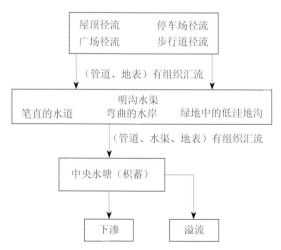

图 2-39 奥古斯滕堡小区雨水径流汇流过程

2.2.3 德国康斯伯格生态社区

1. 小区概况

德国汉诺威市康斯伯格城区是欧洲最大的生态示范城区，面积有 1 200 万 m^2，强调城市规划的可持续发展。康斯伯格生态社区位于德国萨克森州首府汉诺威市东南，是为 2000 年汉诺威世界博览会而开发的小区，总面积为 150 万 m^2。

2. 改造策略

康斯伯格生态社区在设计中提出了"近自然的水管理"的概念，即尽可能采用接近自然的排水方式，使雨水就地滞留并下渗，减小雨水径流量。由于场地地势整体呈现出东高西低的特点，设计人员在场地西侧边缘地势最低处规划了大型滞蓄水区域，其在暴雨天气时可起到滞留、蓄积雨水的防涝作用，同时可作为公园绿地供居民日常休闲使用。在汇流过程中，雨水在顺地势由东至西进行地表有组织排水的同时形成浅溪景观。康斯伯格生态社区的雨洪管理与水景观平面图如图 2-40 所示。

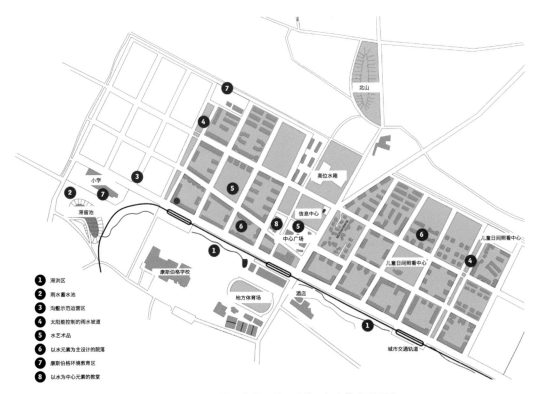

图 2-40 康斯伯格生态社区的雨洪管理与水景观平面图

3. 排水系统改造方法

在设计中采用了多种形式的地表明沟收集、输送雨水径流，如排水壕沟、植草沟、渗沟、砾石沟、旱溪等，以延长雨水汇流路径，降低汇流速度，推迟径流峰值出现的时间。在平面上，地表明沟串联多个雨洪调蓄设施，组织地表径流汇流；在空间上，地表明沟与地下排水管网连接，保障排涝安全，构建完整、立体的排水系统。

地表明沟有的位于街道两侧，有的穿过绿地连接雨落管和雨水花园，有的穿过台阶、人行道，使雨水汇流过程以景观化方式呈现出来，如图 2-41 至图 2-46 所示。

图 2-41　屋顶雨水通过雨落管排入雨水通道，汇入绿地

图 2-42　沿街布设的雨水渗沟

图 2-43　停车场路缘石断接，使雨水汇入绿地

图 2-44　广场雨水汇入绿地，减小水流冲刷力

图 2-45　用于收集、汇流停车场和屋顶雨水的渗沟

图 2-46　坡地雨水渗沟

2.2.4　德国阿卡迪亚温嫩登气候适应型社区

1. 小区概况

　　本社区位于德国斯图加特市附近，是由工业用地改造的社区，于 2012 年 3 月建成，占地面积为 34 000 m²。这个改造项目是一个工业再生项目，曾获得 2012 年国际宜居社区项

目入围奖等奖项，水敏性设计是其一大亮点。社区平面图如图 2-47 所示。

2. 现状问题

社区所在地原本是一个工业核心项目所在地，存在工业制造带来的环境问题，周围河水中也残留有各种工业污染物，污染问题较突出。

3. 改造难点

如何将废弃的工业用地改造为具有活力的居住社区，如何将雨洪管理的功能需求与景观设计结合在一起，为居民营造良好的社区公共空间和人居环境，使整个社区可持续地平衡发展，是改造的重点和难点。

4. 改造方法

1）绿地改造

图 2-47　阿卡迪亚温嫩登气候适应型社区平面图

社区改造后的实景如图 2-48 所示。该项目将原有的工业用地改造为适合不同年龄段人群的小型空间，为居民提供公共集散、沟通交流、体育健身、休闲娱乐的场所。各种空间结合雨洪调节设施进行整体布置，形成了一个具有雨洪调节功能的完整的"蓝绿网络"，在对雨水资源进行再利用的同时，使水敏性设计具有了满足公共需求的趣味性、互动性。在绿地设计方面，项目设计了各种不规则的雨水收集场所，在晴天的时候可以用作公共空间，在暴雨来临时可以作为临时的雨水消纳场所。此外，社区的植物选择考虑了当地的实际情况，结合环境条件打造出具有可持续性的和谐的自然生态景观。社区改造路线如图 2-49 所示，改造后的效果如图 2-50 和图 2-51 所示。

2）屋顶改造

社区进行了绿色屋顶改造，对建筑进行了生态节能改造，使场地里的建筑达到了绿色建筑的标准。此外，屋顶种植的植物采用了可以对雨水进行过滤、净化的品种，在具有一定景观效果的同时起到了去除径流污染物的作用。

3）交通设施改造

利用植草沟将车行道与绿地连接并设置地下雨水调蓄池，收集雨水作为景观用水；停车场铺装采用透水砖和嵌草砖，且为停车场做了隐蔽设计，使其隐藏于雨水花园之间；社区街道实行人车分流制，部分街道专为行人设计，部分街道采用了共享的交通理念，使得车辆也可以进入社区。

图 2-48 社区改造后的实景
（来源：https://inhabitat.com）

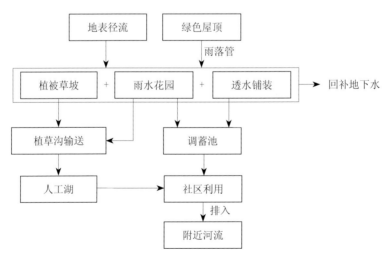

图 2-49 社区改造路线

图 2-50 社区改造后的效果（一）
（来源：https://inhabitat.com）

4）雨落管改造

雨落管多维持原有布局，但与散水和建筑周边断接。建筑周边设置植物过滤带和渗井，使雨水下渗进入调蓄池，雨水也可以通过植草沟等进入人工湖。

2.2.5 案例总结

总结前文所述案例发现，国外既有居住区同样存在市政管网排水能力不足和径流面源污染显著的问题。针对上述问题，前文所述既有居住区的改造首先非常注重地表有组织排水系统的构建，关注地表与地下排水系统的连通，尝试通过点、线型雨洪管理措施的组合构建自然与人工相互补充的完整的水循环系统。其次雨洪管理设施的细节处理较细致，如德国康斯伯格生态社区案例中各种地表明沟的处理：针对坡地、踏步、人行道和绿地等不同的空间环境设置了不同形式的地表明沟，具有较好的针对性。此外，在前文所述案例中，雨洪管理措施改进与景观设计的联系更紧密，在注重功能性的同时更强调景观的美感。

透水表面

海洋

绿色屋顶

河——湖——清洁

图 2-51　社区改造后的效果（二）
（来源：https://inhabitat.com）

第3章 既有居住区海绵化改造的可行性分析——以天津为例

3.1 天津居住区概况

3.1.1 天津居住区发展概况

天津是我国北方重要的工商业城市和直辖市。自 20 世纪 90 年代以来，为了不断改善居住条件，优化居住环境，天津市大力进行城市住宅建设，居住区建设得到了极大的发展。不同建设阶段的居住区呈现出不同的结构特点。

从总体上看，天津的居住区经历了 4 个阶段的变化。第 1 阶段，1952—1977 年，这个阶段是以工人平房新村和居住街坊建设为主，并进行震前改善、震后重建的计划经济阶段。1976 年，天津市政府启动了"以区为主，条块结合"的住宅建设工程，住宅以多层为主，采用条式、点式等形式建设，例如贵阳路东南角的居民住宅。第 2 阶段，1978—1990 年，在这个阶段，居住区模式从街坊向小区过渡，先后建设了老 6 片、新 14 片居住区，例如密云路、天拖南、体院北、长江道、王顶堤、小海地等居住区。第 3 阶段，1991—2017 年，天津市进行危陋平房改造、安居工程住宅与商品化居住区建设，在中心城区周边逐步建设了华苑、梅江、双林、万松、西横堤等 12 个100 hm² 以上的大型居住区，并从 1993 年开始对部分旧城区（老城厢、天津解放前形成的破败地段、建于 20 世纪五六十年代的大量平房区域）进行大规模旧城改建，实施工业用地置换工程。第 4 阶段，2017 年后，天津市政府印发了《中心城区老旧小区及远年住房改造工作方案》，天津进入老旧小区改造阶段。该阶段致力于集中解决中心城区老旧小区及远年住房在安全设施、服务设施、公共设施和外部环境 4 方面存在的问题，包括消防、电梯、二次供水、老化线路和配电箱、燃气、路灯、井盖、甬路、围墙、阳台及外檐、严损房屋等，并增加适老化设施等。

笔者对天津市中心城区的 1 688 个居住小区（以多层住宅为主）进行了调研。在调研样本中，建于 21 世纪的小区与建于 20 世纪 90 年代的小区数量相近，分别占调研样本总量的 40.17% 和 41.71%；建于 20 世纪 80 年代之前的小区数量最少，占 1.24%，如图 3-1 所示。调研发现，受传统雨洪管理理念和方式的制约，所有小区均完全依靠市政管网排水系统防止内涝，雨洪管理目标单一。建于 21 世纪以前的小区内涝积水问题更突出，但受绿地面积的限制，低影响开发措施的应用存在局限性；建于 21 世纪的小区绿地率明显提高，更易于进行海绵化改造。不同时期天津典型居住区的情况如表 3-1 所示。

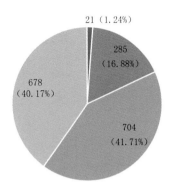

21（1.24%）
285（16.88%）
678（40.17%）
704（41.71%）

■ 建于 20 世纪 80 年代之前　■ 建于 20 世纪 80 年代
■ 建于 20 世纪 90 年代　■ 建于 21 世纪

图 3-1　天津市中心城区既有居住区调研样本整体分布情况

表 3-1　不同时期天津典型居住区的情况

建成时间	居住区名称	占地面积/万 m²	绿地率/%	小区名称	主要特征
20 世纪 80 年代	体院北居住区	89.7	10	气象南里、紫金北里、紫金南里、环湖西里、环湖北里、宾水西里、宾水北里、宾水东里、育贤里、颐贤里、环湖南里、津淄东里	结构为居住区—街坊—组团； 以板式住宅为主，以行列形式布置，布局紧凑； 以街坊为单位，建筑围合出庭院绿地的内向型模式；
	王顶堤居住区	124	10	迎水北里、迎水东里、迎水西里、迎水南里、园荫里、凤园北里、凤园里、凤园南里、林苑北里、林苑东里、林苑西里、鹤园北里、鹤园南里、迎风里	绿地碎片化，集中绿地规模小且由较大比例的硬质空间组成； 人车混流，车停于道路两侧
20 世纪 90 年代	华苑居住区	167	38	安华里、居华里、碧华里、绮华里、天华里、日华里、地华里、莹华里、长华里、久华里	结构为居住区—居住小区—住宅组团； 以小区绿化为中心，主要配套公共建筑布置在绿化周围的内向型模式； 道路等级明确，人车混流，有集中停车场与沿路停车位
21 世纪	梅江居住区	191.98	38.1	香水园、芳水园、玉水园、蓝水园、翠水园、龙水园、欣水园、凤水园、福水园、瀚景园、涟水园、泉水园、川水园、畅水园、顺水园	结构为居住区—小区； 外向型模式，小区中心空间向城市干道与居住区次干道敞开； 中心绿地、水面、道路绿化紧密结合，水景空间成为居住区景观的重要组成部分； 人车分流，有地面停车场与地下停车场

3.1.2 天津居住区布局特点

从 20 世纪 50 年代起至 70 年代，天津借鉴西方模式尝试以邻里单元形制进行工人新村的建设，并引入苏联模式建设"居住小区—组团—庭院"三级结构，建设小街区密路网的多层住宅。改革开放初期至 20 世纪 90 年代，由于城市道路穿越居住区，机动车车流带来了交通隐患，天津开始以"成组成团"和"成街成坊"的规划模式组织居住区结构，突出对居住区内部的合理构建，即以某种组团模式为基本单元，重复使用，形成更大规模的居住区。进入 21 世纪，私家车的迅速普及对天津居住区的规划产生了巨大的影响，大量大型居住区选择在城市边缘开发，以避免城市道路穿越居住区并满足居民对优质居住环境的需求，位于城市边缘的大型居住区展现出更加丰富、灵活的居住区空间布局形式。

以朱家瑾在《居住区规划设计》一书中概括的居住区布局结构为依据，通过对天津居住区规划布局进行目视解译与统计发现：早期，天津居住区大多采用片块式布局结构；20 世纪 90 年代，居住区开始出现围合式、轴线式布局结构；21 世纪，采用片块式布局结构的居住区数量明显减少，采用围合式、轴线式布局结构的居住区更常见。

（1）片块式布局结构。采用这种布局结构的居住区以日照间距为主要依据规划，不强调主次空间等级，在尺度、形制和朝向方面具有较多相同的因素，如图 3-2 所示。

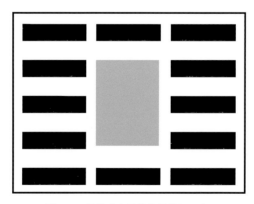

图 3-2　片块式布局结构居住区示意

（2）轴线式布局结构。采用这种布局结构的居住区具有空间虚轴或实轴，空间具有强烈的聚集性和导向性，空间要素沿着轴线布置，空间序列具有一定的节奏感，如图 3-3 所示。

（3）围合式布局结构。采用这种布局结构的居住区的建筑沿基地外围布置，共同围绕着一个主导空间形成一定数量的次要空间，整体空间无方向性，如图 3-4 所示。

片块式布局结构与轴线式布局结构示例如图 3-5 所示。

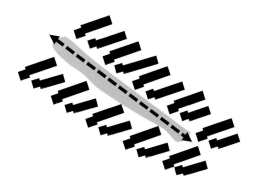

图 3-3 轴线式布局结构居住区示意

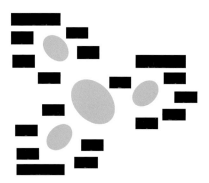

图 3-4 围合式布局结构居住区示意

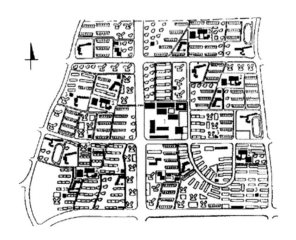

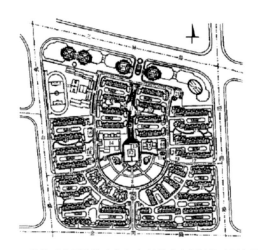

图 3-5 片块式布局结构（上）与轴线式布局结构（下）示例

（4）向心式布局结构。此布局结构具有强烈的向心性，易于形成中心，基于山地地形建成的居住区采用此布局结构的较多。

（5）综合式布局结构。此布局结构是以一种形式为主，兼容多种形式的组合式或自由式布局结构。

围合式布局结构与向心式布局结构示例如图 3-6 所示。天津市中心城区既有居住区调研样本布局结构统计情况如图 3-7 所示。

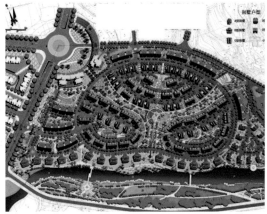

图 3-6　围合式布局结构（左）与向心式布局结构（右）示例

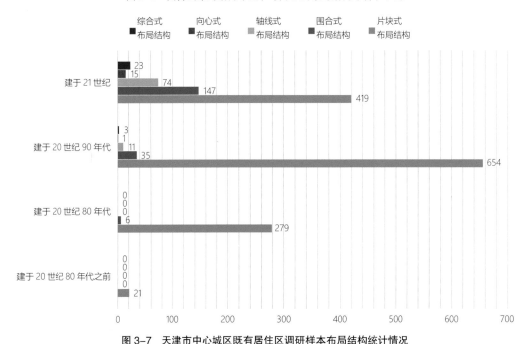

图 3-7　天津市中心城区既有居住区调研样本布局结构统计情况

据统计，在天津市中心城区，采用片块式布局结构的居住区占总体数量的 81.34%，采用围合式布局结构和轴线式布局结构的居住区分别占 11.14% 和 5.04%，采用综合式布局结构的居住区占 1.54%。

3.2　天津居住区雨洪管理现状

3.2.1　建于 20 世纪 80 年代的居住区的雨洪管理现状

在调研的小区中，建于 20 世纪 80 年代的小区大部分存在一层加建的情况。在由街坊向小区过渡的建设特点下，居民楼多以行列形式布置，布局紧凑，一层加建更加剧了用地紧张程度。因此，建于这个年代的小区布局紧凑，可用空间不足，海绵化改造空间非常有限。

小区布局紧凑带来的另一个问题是小区内没有专门规划的人行道、车行道和停车场，道路人车混流，停车位设于道路两侧。因此，小区内的硬质地面占比较高，雨水下渗困难，市政管网排水压力大。

另外，建于 20 世纪 80 年代的小区绿地碎片化严重，绿地规模较小，大多数小区内绿地为楼前庭院绿地，没有大规模的中心绿地。因此，有效地利用有限的绿地收集、滞留、处理、下渗雨水是建于 20 世纪 80 年代的小区海绵化改造的难点。

总体来说，建于 20 世纪 80 年代的小区在雨洪管理设施的改造和布设中限制条件较多，需要考虑成本问题，适量适度改造。改造应以降低老旧小区积涝风险为主要目标，雨洪管理则应较大程度地依附周边的公园和市政管网。

天津体院北居住区与王顶堤居住区是建于 20 世纪 80 年代的典型居住区。

从 1978 年开始，天津在城市边缘建设了 14 个大型居住区，其中具有代表性的是体院北居住区与王顶堤居住区，分别如图 3-8 和图 3-9 所示。

体院北居住区建于 1982 年，占地 89.7 万 m²，绿地率为 10%，道路占比 18.33%，有 5 万左右的居住人口。它采用居住区—街坊—组团的规划布局形式，包含多个街坊，每个街坊占地 6 万～8 万 m²。建筑以多层为主，长度不一、前后错落，围合出街坊院落空间。

图 3-8　体院北居住区平面图

　　王顶堤居住区建于 1984 年，由天津市建筑协会规划。其占地面积为 124 万 m^2，其中建筑面积为 87.9 万 m^2，绿地率为 10%，道路占比 18.65%。它由多个小区构成，每个小区规模约为 1 000 户。

　　体院北居住区与王顶堤居住区是建于 20 世纪 80 年代的代表性居住区，其特征包括：采用居住区—街坊—组团的结构，住宅以板式多层为主，以行列形式布置，布局紧凑；绿地碎片化，集中绿地由长度不一的建筑围合而成，规模小且硬质地面占较大的比例；道路系统分为居住区道路、小区道路、组团级道路、宅间路；小区内人车混流，无集中停车空间，大多数停车点位布置于道路两侧；市政管网采用雨污混流制。体院北居住区现状照片如图 3-10 和图 3-11 所示。

图 3-9 王顶堤居住区平面图

建于 20 世纪 80 年代的小区在无一层加建的情况下，排水形式以雨落管雨水直排路面为主；在有一层加建的情况下，排水形式以雨水通过雨落管从一层（加建层）屋顶倾泻为主，存在雨水从楼门洞顶倾泻的情况。通常小区内部不设水景，因此不存在雨落管雨水直排水面的情况。在对绿地布局模式的调研中发现，建于 20 世纪 80 年代的小区绿地设计较简单，在竖向上通常绿地与道路基本保持相平，且绿地与道路之间设有路缘石。

硬质地面占比大

无集中停车空间

图 3-10　体院北居住区现状照片（一）

绿地空间被建筑围合，有路缘石

雨落管雨水直排路面

图 3-11 体院北居住区现状照片（二）

3.2.2　建于 20 世纪 90 年代的居住区的雨洪管理现状

　　建于 20 世纪 90 年代的小区大部分无一层加建的情况，居民楼的雨落管雨水多以直排路面的形式直接排放至小区道路，导致小区路面雨水径流短时激增。因此，改造应将雨水的收集、利用作为重点，改变雨落管的排水方式。

　　建于 20 世纪 90 年代的小区绿地率有所提高，绿地通常高于道路，多数居民楼的布局以小区绿地为中心，配套楼边绿地或花池，为雨洪管理设施的排布提供了一定的空间。笔者所调研的小区不存在雨落管直通地面的情况，但均存在部分雨落管架于楼门洞顶的情况，下雨时雨水从楼门洞顶倾泻而下。小区内大部分道路有路缘石。小区的雨洪管理改造可以考虑灰色基础设施改造与绿色基础设施介入的组合模式，充分利用中心绿地构建地表与地下双层立体的雨洪管理系统。

　　华苑居住区是建于 20 世纪 90 年代的典型居住区，其平面图如图 3-12 所示，现状照片如图 3-13 和图 3-14 所示。其建于 1995 年，2001 年竣工。居住区占地 167 万 m²，建筑面积为 185 万 m²，居住人口约有 8 万，绿地率为 38%，道路占比 6.54%。居住区的结构为居住区—居住小区—住宅组团，包含多个居住小区，每个小区规模约为 15 万 m²。居住区包含大型集中绿地，建筑以集中绿地为中心布置。居住区通过双层环形道路和放射道路组织多级交通，道路等级明确，停车以集中停车场停车与沿路停车位停车相结合。

图 3-12　华苑居住区平面图

图 3-13 华苑居住区现状照片（一）

雨落管直通绿地

小区水景在集中绿地中心

人行道路

车行道路

小区内部道路等级分明

图 3-14　华苑居住区现状照片（二）

3.2.3 建于 21 世纪的居住区的雨洪管理现状

建于 21 世纪的小区多为高层住宅小区，配备了较丰富的绿地景观，有明确的中心绿地、公共活动空间，绿地率大幅上升，一层加建的情况明显减少，但运营维护成本明显提高。在无一层加建的情况下，雨落管雨水以直排绿地为主，仅在少数情况下雨落管雨水直排路面。笔者在调研中发现，虽然建于 21 世纪的小区内有水景，但水景距离居民楼较远，因此没有雨落管雨水直接排至水景水面的情况。此外，仅有个别小区的少数居民楼存在雨落管直通地面的情况。建于 21 世纪的小区依旧存在少量从楼门洞顶倾泻雨水的情况，但相较于建于 21 世纪以前的小区，该情况显著减少。

在建于 21 世纪的小区中，绿地通常低于道路或与道路基本保持相平，有路缘石与无路缘石的情况均存在；普遍有地下车库，阻断了雨水的下渗路径。

总体来说，建于 21 世纪的居住区因绿地率较高，多有中心绿地、宅旁绿地和水系景观，为构建点、线、面全覆盖的地表有组织排水系统提供了良好的基础。这些居住区应以雨水的收集和再利用为首要目标，利用 LID 措施和场地竖向调整实现雨水的收集、净化、储存和再利用，以补充居住区景观绿化用水，构建完整的绿色水循环系统。

梅江居住区是建于 21 世纪的典型居住区。其建于 2003 年，平面图如图 3-15 所示。居住区占地 191.98 万 m^2，建筑面积为 178.2 万 m^2，容积率为 0.928，建筑密度为 25%，绿地率为 38.1%，道路占比 7.6%，有 23 万 m^2 的水面。居住区采用居住区—小区两级结构，包含 15 个小区和 2 个公建区。居住区对洼地进行规划，打造出了区域内完整的水系，水景空间是居住区景观空间的重要组成部分，其中芳水园的水景用水来自中水供水系统，这部分水资源还可以用来浇灌居住区内的植物。居住区实行人车分流，车行道路沿小区外围布置，并沿车行道路布置地面停车场与地下停车场，内部道路供行人使用，尺度较小，部分小区的步行道路采用透水铺装。居住区现状照片如图 3-16 和图 3-17 所示。

图 3-15 梅江居住区平面图

小区中心的绿地与广场

景观水系

图 3-16　梅江居住区现状照片（一）

内部道路

透水铺装与绿地衔接

图 3-17 梅江居住区现状照片（二）

3.3 天津居住区现状雨洪管理能力述评

3.3.1 绿地雨洪管理能力述评

绿地因具有吸收、储存雨水径流的能力而成为居住区中可进行海绵化改造的核心要素，是布设下凹绿地、生物滞留池等低影响开发设施的主要空间。依据所处位置，居住区中的绿地分为中心绿地、组团绿地、宅旁绿地和街道绿地。中心绿地一般集中布置在居住区的中心位置；组团绿地和宅旁绿地依建筑灵活布置；街道绿地是沿着居住区道路一侧或两侧布置的带状绿地。在微观上，影响居住区绿地雨洪管理能力的要素包括绿地规模、绿地土壤的渗透能力、绿地中下凹绿地比例和下凹深度。

由于居住区中硬质下垫面（包括建筑屋面和道路铺装）占比在绝大多数情况下大于70%，故即使绿地土壤具有较强的渗透能力，如土壤稳定入渗速率大于 100 mm/h，也难以对海绵城市建设提出的设计降雨强度要求下的雨水径流进行全面管控，因此布设下凹绿地、生物滞留池等利用地表下凹空间或地下砾石层储存雨水径流的方式是居住区海绵化改造的主要手段。

《天津市海绵城市建设技术导则》指出，整体改建的居住用地应满足年径流总量控制率≥70%的规划目标，建筑与小区规划设计中绿地应至少有50%为用于调蓄雨水的下凹绿地。根据上述规定，本书以建于 20 世纪 80 年代的典型居住区中的迎水东里、迎水西里为对象，对其绿地雨洪管理能力进行核算。

1. 计算方法

在以径流总量和径流污染为控制目标的前提下，对设计调蓄容积和居住区绿地的调蓄能力进行比较，从而获得评价 结论。

1）设计调蓄容积的计算

$$V=10H\psi F \qquad\qquad (3-1)$$

式中　V——设计调蓄容积，即设计降雨条件下的地表径流总量，m^3；

　　　H——设计降雨量，即年径流总量控制率对应的设计降雨量，mm；

　　　ψ——综合雨量径流系数；

　　　F——汇水总面积，hm^2。

其中，综合雨量径流系数的计算公式为

$$\psi = \frac{\psi_1 f_1 + \psi_2 f_2 + \cdots + \psi_n f_n}{F} = \sum_{i=1}^{n} \psi_i \frac{f_i}{F} \qquad (3\text{-}2)$$

式中　ψ_i——场地中第 i 个地块的径流系数；

　　　f_i——场地中第 i 个地块的面积，m^2。

不同类型下垫面的径流系数如表 3-2 所示。

表 3-2　不同类型下垫面的径流系数

下垫面类型	雨量径流系数 ψ_{zc}	流量径流系数 ψ_{zm}
绿化屋面（绿色屋顶，基质层厚度 ≥ 300 mm）	0.30~0.40	0.40
硬屋面、未铺石子的平屋面、沥青屋面	0.80~0.90	0.85~0.95
铺石子的平屋面	0.60~0.70	0.80
混凝土或沥青路面和广场	0.80~0.90	0.85~0.95
用大块石等铺砌的路面和广场	0.50~0.60	0.55~0.65
用沥青进行表面处理的碎石路面和广场	0.45~0.55	0.55~0.65
级配碎石路面和广场	0.40	0.40~0.50
干砌砖石或碎石路面和广场	0.40	0.35~0.40
未铺砌的土路面	0.30	0.25~0.35
绿地	0.15	0.10~0.20
水面	1.00	1.00
地下建筑覆土绿地（覆土厚度 ≥ 500 mm）	0.15	0.25
地下建筑覆土绿地（覆土厚度 < 500 mm）	0.30~0.40	0.40
透水铺装地面	0.08~0.45	0.08~0.45
下沉广场（50 年及以上一遇）	—	0.85~1.00

注：以上数据参照《室外排水设计标准》（GB 50014—2021）和《雨水控制与利用工程设计规范》（DB11/685—
2013）。

2）简单型下凹绿地调蓄容积的计算

$$V_i' = S_i h_i \qquad (3\text{-}3)$$

式中　S_i——场地中第i个简单型下凹绿地的断面面积，m²；

h_i——场地中第i个简单型下凹绿地的下凹深度，m（根据《海绵城市建设技术指南——低影响开发雨水系统构建（试行）》，蓄水层深度一般为100～200 mm）；

V_i'——场地中第i个简单型下凹绿地的调蓄容积，m³。

简单型下凹绿地构造示意如图 3-18 所示。

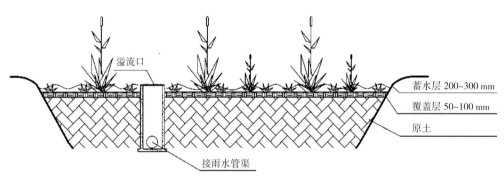

溢流口

蓄水层 200~300 mm
覆盖层 50~100 mm
原土

接雨水管渠

图 3-18　简单型下凹绿地构造示意

3）生物滞留池调蓄容积的计算

$$V_i'' = S_i' h_i' + S_i' d_i \lambda_i \qquad (3\text{-}4)$$

式中　S_i'——场地中第i个生物滞留池的断面面积，m²；

h_i'——场地中第i个生物滞留池的下凹深度，m；

d_i——场地中第i个生物滞留池的地下砾石蓄水层深度，m（根据《海绵城市建设技术指南——低影响开发雨水系统构建（试行）》，砾石层厚度一般为250～300 mm）；

λ_i——场地中第i个生物滞留池的地下砾石蓄水层孔隙率；

V_i''——场地中第i个生物滞留池的调蓄容积，m³。

生物滞留池构造示意如图 3-19 所示。

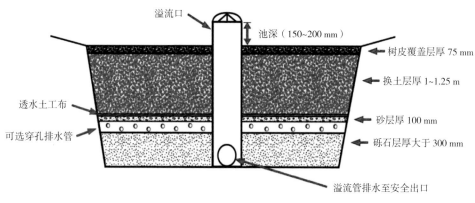

图 3-19　生物滞留池构造示意

2. 结论

1）迎水东里小区

迎水东里小区总面积为 4.56 hm²，绿地率达到 25%。小区内下垫面包括沥青屋面、沥青路面、混凝土广场，合计 34 200 m²，绿地面积为 11 400 m²，综合径流系数为 0.64。以达到年径流总量控制率为目标，假设迎水东里小区以增加简单型下凹绿地的方式进行海绵化改造，在下凹绿地比例一定（50%）的条件下，获得小区的年径流总量控制率与下凹绿地深度的关系，如表 3-3 所示；在下凹绿地深度一定（20 cm）的条件下，获得小区的年径流总量控制率与下凹绿地比例的关系，如表 3-4 所示。

表 3-3　迎水东里小区年径流总量控制率与下凹绿地深度的关系

年径流总量控制率/%	设计降雨量/mm	下凹绿地比例/%	下凹深度/cm
85	37.8	50	19.3
80	30.4	50	15.5
75	25.0	50	12.8
70	20.9	50	11.7
60	14.9	50	7.6

由此可见，从理论上讲，在迎水东里小区现状绿地率为 25% 的前提下，如果将小区内 50% 的绿地改为下凹绿地，在满足《海绵城市建设技术指南——低影响开发雨水系统构建（试行）》提出的下凹绿地深度一般为 100～200 mm 的要求的情况下，迎水东里小区可实现年径流总量控制率为 85% 的海绵城市建设目标。

表 3-4　迎水东里小区年径流总量控制率与下凹绿地比例的关系

年径流总量控制率/%	设计降雨量/mm	下凹深度/cm	下凹绿地比例/%
85	37.8	20	48.2
80	30.4	20	38.8
75	25.0	20	31.9
70	20.9	20	26.6
60	14.9	20	19.0

但是通过实地调研发现，迎水东里小区内有大量宽度仅为 1～2 m 的宅旁绿地，而为了保障建筑的安全，一般不建议在距离建筑物基础小于 3 m 的区域布设下凹绿地，如图 3-20 所示。而且小区绿化区域中有很多乔木和大型灌木，如果为了达到较高的下凹绿地比例而对大量绿地进行下凹处理，蓄积雨水，则会不可避免地给这些已经生长多年的不耐淹的乔木和大型灌木带来生存威胁。因此，从实际情况来看，虽然下凹绿地比例越高、下凹深度越大，场地的雨水调控能力越强，但对既有居住区进行海绵化改造的难度也越大。换言之，对既有居住区而言，若想达到较高的海绵城市建设目标，单纯依靠增加下凹绿地等地表调蓄措施是不可行的。首先，应该在保障居住功能的前提下，尽可能地通过增大透水铺装、绿地面积减小综合径流系数，从源头减少雨水径流的产生；其次，应从宏观层面充分了解居住区绿地的布局特点，特别是除规模绿地以外的居住区内绿地的聚集程度和连通程度，探究居住区产汇流过程与绿地布局之间的关系，从布局结构方面增强居住区绿地雨洪管理的系统性和整体性。

2）迎水西里小区

迎水西里小区总面积为 4.37 hm²，绿地率为 16%。小区内下垫面包括沥青屋面、沥青路面、混凝土广场，合计 36 708 m²，绿地面积为 6 992 m²，综合径流系数为 0.70。以达到年径流总量控制率为目标，假设迎水西里小区以增加简单型下凹绿地的方式进行海绵化改造，在下凹绿地比例一定（50%）的条件下，获得小区的年径流总量控制率与下凹绿地深度的关系，如表 3-5 所示；在下凹绿地深度一定（20 cm）的条件下，获得小区的年径流总量控制率与下凹绿地比例的关系，如表 3-6 所示。

由此可见，对绿地率低于 20% 的迎水西里小区而言，若要达到年径流总量控制率为 70% 的目标，在下凹绿地深度取《海绵城市建设技术指南——低影响开发雨水系统构建（试行）》中建议的最大值的前提下，下凹绿地比例需达到近 50%，这在现实中是很难实现的。因此，既有居住区海绵化改造亟须改变当前盛行的"见绿挖坑"的简单模式，探索新的路径。迎水西里小区绿地示意如图 3-21 所示。

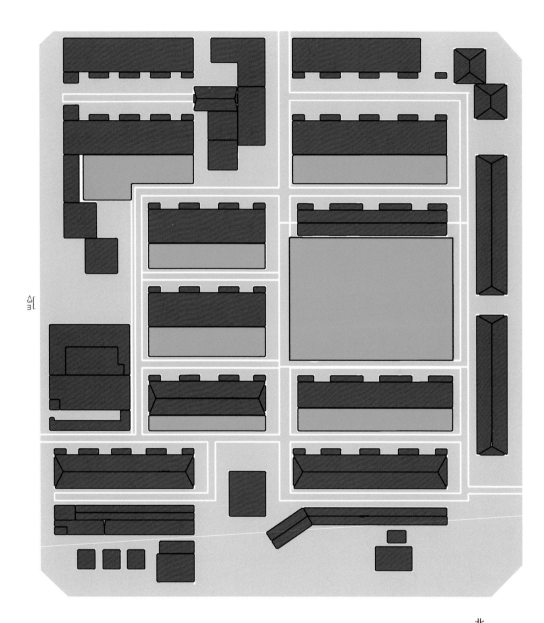

图 3-20　迎水东里小区绿地示意

表 3-5　迎水西里小区年径流总量控制率与下凹绿地深度的关系

年径流总量控制率/%	设计降雨量/mm	下凹绿地比例/%	下凹深度/cm
85	37.8	50	33.1
80	30.4	50	26.6
75	25.0	50	21.9
70	20.9	50	18.3
60	14.9	50	13.0

表 3-6　迎水西里小区年径流总量控制率与下凹绿地比例的关系

年径流总量控制率/%	设计降雨量/mm	下凹深度/cm	下凹绿地比例/%
85	37.8	20	82.7
80	30.4	20	66.5
75	25.0	20	54.7
70	20.9	20	45.7
60	14.9	20	32.6

3.3.2　建筑雨洪管理能力述评

既有居住区中不透水下垫面绝大部分为建筑屋面，它们是降雨中产流量最大的区域，但笔者在调研过程中发现，所有调研对象均未对建筑屋面雨水径流采取任何管理措施。建筑雨落管下缘散水旁的用地有 3 种类型。第 1 种类型为小区道路用地，第 2 种类型为自行车/汽车停放用地，如图 3-22 所示。在这两种情况下，雨水径流从雨落管直接排至道路，流到路面上的雨水径流由于流速突然减小，其所携大颗粒固体污染物沉积，极易造成路面局部淤黑的状况，对面包砖铺砌路面该状况尤为明显。第 3 种类型为宅旁绿化用地，如图 3-23 所示。宅旁绿地多高于散水，雨水径流被路缘石阻留，积滞在建筑墙角，难以排出，侵蚀散水，使之出现裂缝。

上述 3 种用地类型在调查样本中的占比分别为 17%、57%、26%。笔者在调研中发现一些住在一层的居民针对雨落管雨水冲刷破坏散水和屋顶雨水未得到充分利用的问题，采取了若干自发性改造措施。如笔者在玫瑰花园、玉水园、星图温泉公寓中发现，一楼住户通过接管将雨落管末端延伸至宅旁绿地，以减少雨水径流对散水的冲刷，保护建筑墙体，如图 3-24 所示；在玫瑰花园、名都新园、气象南里、平山公寓、兴军公寓等中发现，住户将自家废弃的澡盆、塑料桶、油漆桶等放在雨落管下方收集雨水，并用雨水浇灌植物、洗车等，如图 3-25 所示。这表达的正是住户对小区雨洪管理模式改造的诉求，而这些简单、质朴的源头式雨洪管理方法也给海绵化改造与建设工作带来了启发。

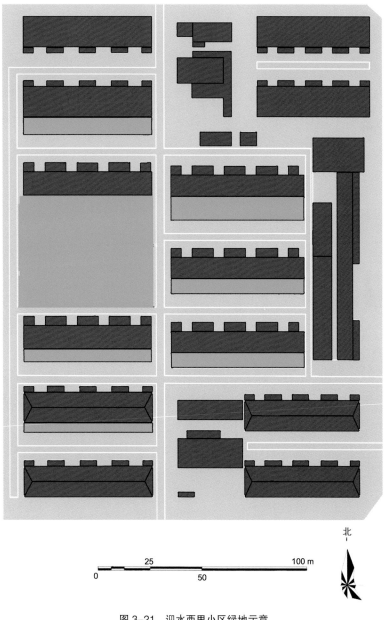

图 3-21　迎水西里小区绿地示意

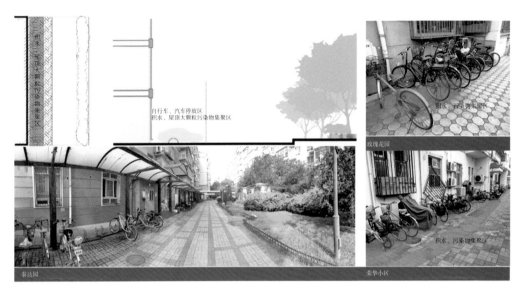

图 3-22　建筑雨落管下缘散水旁为停车空间

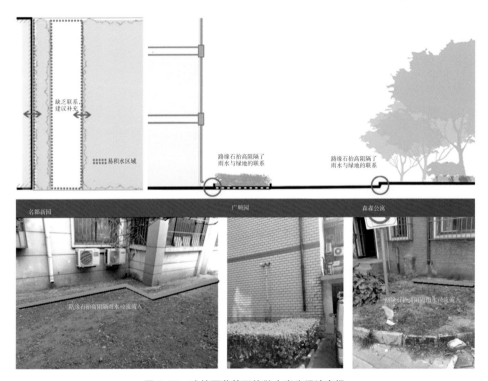

图 3-23　建筑雨落管下缘散水旁为绿地空间

图 3-24　住户自发将雨落管末端延伸至宅旁绿地

图 3-25　住户自发对雨水进行收集再利用

建筑屋面和雨落管下缘是建筑雨水径流管控的两个关键点位。在承重、防水、坡度和气候条件都允许的情况下，绿色屋顶改造是实现源头管控的优选措施。但是对我国特别是北方地区而言，绿色屋顶在实际运营维护中普遍存在经费高和人力投入多的问题，对老旧小区更是如此。很多老旧小区没有物业公司管理，在这种情况下，绿色屋顶则不具有适用性，雨落管下缘的雨水径流管理更重要和关键。

3.3.3 道路雨洪管理能力述评

笔者调研的所有居住区的道路均采用了灰色的雨洪管理方式，即通过道路找坡将道路雨水径流直接排放至市政管网。我国居住区道路、雨水管线与建筑的平面布局关系以"楼北入户、路北排管"为主要特点，即两栋南北向住宅楼之间的空间被 2.5～3 m 宽的宅间小路分隔。由于入口设在北面的住宅楼占绝大多数，所以宅间小路位于南北两楼间的南侧，为北侧争取到了较大面积的楼间绿化。小区雨水排水管网的集水口位于宅间小路的近绿地侧，距离建筑 6～8 m，如图 3-26 所示。在本次调研的对象中，有 74% 的居住区采用了上面这种布局模式。由此可知，在雨中和雨后的一段时间内，道路上的雨水除其自产径流外，还包括从建筑雨落管末端流出进而漫流到道路上的雨水径流。既有居住区特别是老旧小区由于路面破损、局部凹陷现象较多，路面积水点较多，给居民出行带来了不便。这与在居民访谈中了解到的积水情况相符。

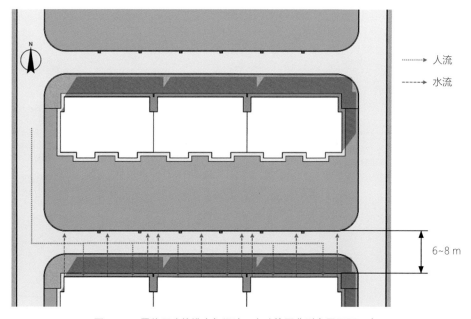

图 3-26　居住区建筑排水与绿地、市政管网典型布局平面示意

此外，既有居住区由于在建设之初对汽车保有量估计不足，导致占用小区道路、公共空间、活动场地等停车的情况严重，从而使得居住区用地紧张，这也给海绵城市雨洪管理设施的增建和改造带来了难度。

3.4 小结

从 20 世纪 80 年代至今,天津市的居住区在结构布局、绿地规划、交通组织等方面都发生了很大的变化。在结构布局上,从街坊模式到封闭式小区模式的层级变化不仅使得居住区尺度有所扩大,也使得居住区交通组织与市政管线排布有所调整。在绿地规划上,在《城市居住区规划设计标准》(GB 50180—2018)提出的 30% 绿地率的要求下,绿地从破碎化的小规模绿地发展为大规模的中心绿地,并与水景结合,让海绵城市建设倡导的低影响开发式雨洪管理改造在建于 20 世纪 90 年代后的居住区中存在更多可能。但不可否认,既有居住区的海绵化改造仍存在很多制约因素,分析如下。

1. 绿地规模(硬质软质比)的限制问题

绿地空间是进行雨水输送、净化与下渗的重要载体,在建于不同年代的居住区中,绿地分布对雨洪管理设施的布设有不同的限制。

建于 20 世纪 80 年代的居住区布局紧凑,绿地空间碎片化。小区集中绿地由长度不一的建筑围合而成,规模一般在 4 000 ㎡ 左右,且硬质地面占比较大;宅旁绿地多呈矩形,宽度为 1 ~ 3 m。绿地的缺乏和碎片化使得雨水花园、植草沟等雨洪管理设施的选点成为改造中的难题之一。建于 20 世纪 90 年代的居住区小区绿地率明显提高,集中绿地面积增大,人均绿地面积达到 1 ㎡,其中华苑居住区居华里小区中心绿地面积达到 7 000 ㎡,可为雨洪管理提供宽裕的改造空间。建于 21 世纪的居住区中心绿地的布局更加多样,如带状的、集中型的等,中心绿地与建筑的连接更加紧密,但出现了地下停车场位于中心绿地地下从而阻断雨水下渗过程等问题。绿地空间的规模、布局和地下空间的利用等因素使得调蓄型雨洪管理设施的选用受到诸多限制。

2. 竖向设计问题

目前,对雨洪管理,很多工程设计人员注重地表有组织蓄排水系统的构建,但既有居住区内的现状竖向条件往往不利于该系统的补建。建于 21 世纪之前的居住区的竖向设计普遍采用绿地高于道路的做法,致使老旧小区的海绵化改造中竖向调整的工程量较大。同时,部分居住区因多年的使用与周边的陆续建设,存在整体地势低洼、局部地面排水坡度不合理等问题，给居住区带来了雨水积涝问题。

3. 硬质化率高，区域透水性差

在建于 20 世纪 80 年代的居住区中，不透水道路面积比例达到 18%，而建于 20 世纪 90 年代的居住区不透水道路面积比例为 6% ~ 8%。不透水道路面积越大，内涝与径流污染问题就越严重。老旧小区内人车混行，较少有集中的停车空间，大多数停车位被布置于道路两侧，侵占绿地空间，导致植物长势差、土壤板结渗透性差等问题。进入 21 世纪之后，很多小区规划有地上大型集中停车场或地下停车场，严重阻碍了雨水自然下渗，这也成为海绵化改造中的难点。

4. 地下管网复杂，可利用空间有限

老旧小区大多实行雨污合流制，不仅加大了管网的承载压力，还造成了雨水资源浪费、雨污水外溢现象，并且各类管网错综布置于地下空间，给海绵化改造中新增的 LID 设施与市政管网的连接带来了不确定性。

第4章 既有居住区海绵化改造的绿地规划策略和方法

为了提高雨洪管理能力，既有居住区海绵化改造可以通过两个途径实现。其一，在规划层面，以最小的扰动调整、优化绿地布局，建立产汇流过程与绿地布局之间的良性关系，充分挖掘、发挥现状绿地系统的雨洪调蓄能力。有研究表明，除规模外，绿地布局的聚集和连接程度对产汇流过程有着显著的影响。其二，在设计层面，设计方案充分与居住区景观审美需求和功能完善需求相结合，在绿地系统框架下布置更加合理的雨洪管理设施组合，并使其与市政管网系统相衔接，构建源头、节点、终端全过程的地表有组织径流管理系统。本章将从规划层面入手，分析既有居住区绿地布局的特征，通过建立绿地布局与雨水产汇流过程间的联系，研究既有居住区不同绿地布局模式对产汇流过程的影响，从雨洪管理的角度探究居住区绿地布局的合理性，为既有居住区海绵化改造提供依据。这是解决当前既有居住区海绵化改造"盲目增设LID设施，缺乏系统性""盲目增大绿地面积，缺乏可行性"问题的重要方法。

4.1 典型既有居住区的选取

在天津市中心城区内，依据卫星遥感图像和对布局结构的实地调查，笔者分别筛选出采用片块式绿地布局的居住小区 9 个、围合式绿地布局的居住小区 3 个、轴线式绿地布局的居住小区 4 个进行研究。

4.1.1 采用片块式绿地布局的居住小区

片块式绿地布局是居住小区中最普遍的一种绿地布局形式。采用这种绿地布局形式的居住小区，其建筑排列相对整齐，以行列的形式布置，相互之间没有过于明显的主次关系，绿地空间以线性空间为主。

天津市现存的采用片块式绿地布局的居住小区在从 20 世纪 50 年代至今的各个年代均有典型代表，因而笔者选取的样本最多。在建于 20 世纪 80 年代的居住区中，王顶堤居住区与体院北居住区为空间形态保留较完整的典型居住区。二者代表了建于 20 世纪 80 年代的居住区，住宅以板式多层为主，以行列的形式布置，布局紧凑；绿地空间碎片化，居住小区集中绿地由长度不一的建筑围合而成且规模小，硬质地面占较大比例。笔者从研究范围中选取了典型居住小区，包括迎水西里、迎水东里、凤园南里、宾水北里，如图 4-1 所示。

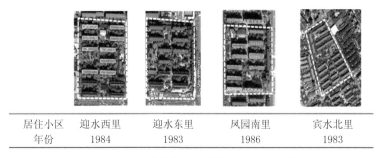

居住小区 年份	迎水西里 1984	迎水东里 1983	凤园南里 1986	宾水北里 1983

图 4-1　建于 20 世纪 80 年代的采用片块式绿地布局的典型居住小区

建于 20 世纪 80 年代后的采用片块式绿地布局的居住小区遍布天津市中心城区，笔者从中选取了具有代表性的居住小区，包括纪发公寓、博兰苑、清泽园、清秀园、紫金南里，如图 4-2 所示。

居住小区 年份	纪发公寓 1999	博兰苑 2002	清泽园 2006	清秀园 1998	紫金南里 1996

图 4-2　建于 20 世纪 80 年代后的采用片块式绿地布局的典型居住小区

4.1.2　采用围合式绿地布局的居住小区

在对天津居住区的调查中发现，围合式绿地布局大多应用于以高层为主的居住小区，但在以多层为主的居住小区中也有约 11% 的居住小区采用围合式绿地布局。在采用这类绿地布局的居住小区中，建筑多沿基地外围边界布置，围合形成一个主要的中心绿地空间，本研究在天津市选取了 3 个典型的采用围合式绿地布局的居住小区，分别为谊景村、长华里、貌川里，如图 4-3 所示。

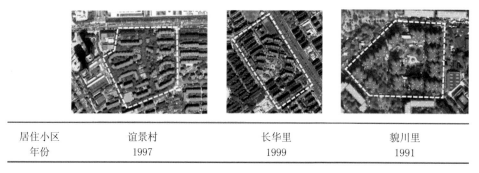

居住小区 年份	谊景村 1997	长华里 1999	貌川里 1991

图 4-3　采用围合式绿地布局的典型居住小区

4.1.3　采用轴线式绿地布局的居住小区

从 20 世纪 90 年代开始，居住区的规划布局追求多样化与图案化，轴线式绿地布局使得居住区空间受轴线的控制，具有强烈的聚集性与导向性，居住小区的主要绿地轴线联系起来。天津市华苑居住区的绿地轴线特征最明显，因而选择华苑居住区中的居华里、安华里、地华里进行分析，如图 4-4 所示。

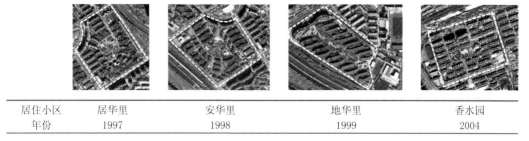

居住小区	居华里	安华里	地华里	香水园
年份	1997	1998	1999	2004

图 4-4 采用轴线式绿地布局的典型居住小区

建于 2000 年后的居住区中出现了以水轴串联居住空间、塑造空间序列的居住小区，如梅江居住区的香水园居住小区。

4.2 典型居住区绿地布局的指标量化

景观生态学运用景观指数高度浓缩景观格局信息，这些景观指数是反映景观结构组成和空间配置某方面特征的简单定量指标。根据景观生态学理论，居住区是一个由基质、廊道、斑块等结构要素构成的景观单元，如图 4-5 所示，各组成要素通过一定的媒介建立联系并相互作用，在空间中形成特定的分布组合形式，共同发挥居住区系统所承担的各项功能。

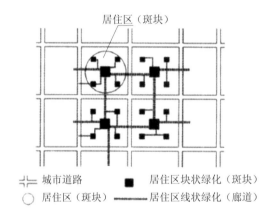

居住区（斑块）

城市道路　　　居住区块状绿化（斑块）
居住区（斑块）　　　居住区线状绿化（廊道）

图 4-5　居住区绿地景观格局分析
（来源：严建伟，任娟. 斑块、廊道、滨水：居住区绿地景观生态
规划 [J]. 天津大学学报（社会科学版），2006，8（6）：454-457）

居住区绿地布局的指标量化以建立雨水径流源头、节点、终端管理全过程与绿地布局间的联系为目标。由于绿地规模和绿地分布会对雨水的产汇流过程产生直接影响，因此，本研究选取绿地率、绿地斑块面积标准差、平均斑块面积指标表征绿地规模，以绿地密度、绿地离散度和绿地连接度表征绿地分布，如表 4-1 所示。筛选出指标后针对居住区绿地进行信息采集，运用 GIS（geographic information system，地理信息系统）和 Fragstats（基于分类图像的空间格局分析程序）对研究对象的绿地布局指标进行计算，从而为量化绿地布局与产汇流过程间的联系提供数据基础。

表 4-1　绿地布局评价指标

评价指标	指标名称	计算公式	公式描述	指标含义
绿地规模	绿地率	$\text{PLAND} = \dfrac{\sum\limits_{i=1}^{n} A_{ij}}{A}$	一定范围内绿地面积占总面积的百分比（单位：%）	是研究一定范围内绿地规模的重要依据
	绿地斑块面积标准差	$\text{PSSD} = \sqrt{\dfrac{1}{N_i} \sum\limits_{j=1}^{N_i} (A_{ij} - A_i)^2}$	每个斑块面积（m²）与平均斑块面积之差的平方的总和除以斑块总数，然后开方（单位：m²）	是景观中某类景观要素斑块面积的统计标准差，反映该类景观要素斑块规模的变异程度
	平均斑块面积	$\text{MPS} = A / N_i$	景观中所有斑块的总面积除以斑块总数（单位：m²）	
	绿地密度	$\text{PD} = N_i / A$	每平方千米的斑块数，取值范围：PD ≥ 0，无上限（单位：个 /km²）	用来比较单位面积内的绿地斑块数量
绿地分布	绿地离散度（平均最近邻体距离）	$\text{MNN} = \dfrac{\sum\limits_{i=1}^{n}\sum\limits_{j=1}^{n} h_{ij}}{N_i}$	景观中每个斑块与其最近邻体距离的总和除以具有邻体的斑块总数（单位：m）	值越大，反映出同类型斑块间距离越远，分布越离散；反之，说明同类型斑块间相距近，团聚分布
	绿地连接度	$v = \dfrac{L}{L_{\max}} = \dfrac{L}{3(v-2)}$ $(v \geq 3,\ v \in N)$	在一定范围内，网络连接线数与最大可能网络连接线数之比，取值范围：0~1	绿地廊道与所有绿地节点的连接都称作网络连接度，值越大，表示网络连接越好

注：A_{ij} 是某一类型绿地斑块的面积，A_i 是平均斑块面积，A 是绿地景观的总面积，N_i 是一定范围内绿地斑块的数目，h_{ij} 是相邻绿地斑块边缘到边缘的距离，L 为绿地间的网络连接线数，$L_{\max}$ 为最大可能网络连接线数。

4.2.1　表征绿地布局的量化指标

1. 绿地率（PLAND）

绿地率指一定范围内绿地面积占总面积的百分比。该指标可以反映居住区内绿地规模的大小，也是影响居住区雨洪管理能力的最直接因素。在既有居住区中，规划建设较早的居住区与规划建设较晚的居住区在绿地规模上具有较大的差异。从 2002 年起，《城市居住区规划设计规范（2002 年版）》（GB 50180—1993）要求居住区绿地率不低于 30%。而在此之前建成的居住区大部分绿地率在 15% 左右。在既有居住区改造中，应首先挖掘居住区中可以成为绿地的潜在空间，适当提高绿地率。这样既能提高透水地面的比例，利于雨水的下渗存蓄，也能为绿色基础设施的设置提供更多的空间。吉尔（Gill）等通过模拟实验研究发现，居住区绿地覆盖面积增大 10% 可减少地表径流 4.9%，再增大 10% 可再减少地表径流 5.7%。绿地率示意如图 4-6 所示。

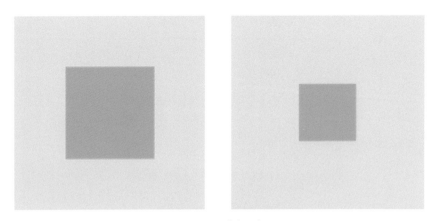

图 4-6　绿地率示意

2. 绿地密度（PD）

绿地密度是每平方千米的绿地斑块数。在研究居住区时对绿地密度进行对比，可以获知在相同面积与绿地斑块数下绿地的破碎程度。绿地密度示意如图 4-7 所示。

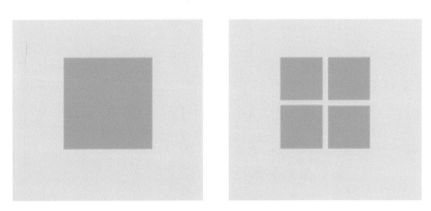

图 4-7　绿地密度示意

绿地密度可以反映居住内的绿地分布的聚集程度，在绿地面积相同的情况下，绿地斑块数越多，绿地密度越大。在实际改造工程中，居住区绿地率往往难以提高，绿地分布则成为既有居住区海绵化改造规划层面需要重点关注的内容之一。

3. 平均斑块面积（MPS）

平均斑块面积是景观中所有斑块的总面积除以斑块总数得到的，代表了居住区绿地面积的平均状态，既是反映居住区绿地破碎程度的指标，也是判断居住区绿地斑块面积标准差的重要指标。在居住区景观层级上，平均斑块面积越小，景观越破碎。

4. 绿地斑块面积标准差（PSSD）

绿地斑块面积标准差可以反映居住区绿地斑块面积的差异程度。绿地斑块面积标准差越接近0，说明居住区绿地斑块的面积越均等。在居住区中，若中心绿地为面积最大的绿地，利用绿地斑块面积标准差指标，可以探究中心绿地面积与宅旁绿地面积的比例是否会影响居住区的雨洪调控能力。绿地斑块面积标准差示意如图4-8所示。

图4-8 绿地斑块面积标准差示意

5. 绿地离散度（MNN）

绿地离散度可以反映绿地之间的距离关系，如图4-9所示。绿地离散度越高，说明绿地之间的距离越大，不透水面积的连接度越高，在相同的时间内形成的雨水径流越多，不透水地面的雨水汇流时间就越短，达到洪峰流量的时间越短，雨水管理的压力就越大。绿地离散度越低，绿地连接的可能性就越大，因而在居住区的绿地空间难以增加的情况下，设计人员可以通过改变绿地离散度实现雨洪管理的目标。

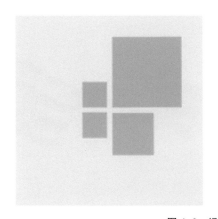

图4-9 绿地离散度示意

6. 绿地连接度（γ）

绿地连接度反映了绿地景观的空间连接性和孤立程度，是一个衡量连接的比例的指标。在绿地离散度相近的情况下，绿地连接度越低，越不利于地表径流的就近消纳与处理。通过对研究区域的调查发现，既有居住区普遍存在绿地连接度低的情况，主要分割因素包括道路、建筑、高程。

4.2.2 典型居住小区的绿地布局指标

对 n 个典型居住小区的绿地布局情况进行概化提取，利用 GIS 和 Fragstats 4.0 计算获得它们的绿地布局指标，包括绿地率（PLAND）、绿地密度（PD）、平均斑块面积（MPS）、绿地斑块面积标准差（PSSD）、绿地离散度（MNN）。需要说明的是，在绿地概化分析中，居住小区中绿地斑块的范围主要依据绿地的边缘而非植物冠的边缘进行界定；绿地中宽度小于 1.5 m 的园路不作为分割绿地斑块的边界；由于精度有限，绿地不包括道路旁的行道树。

1. 采用片块式绿地布局的居住小区的计算结果

此类居住小区绿地布局的概化模型如图 4-10 所示，绿地布局指标如表 4-2 所示。

居住小区	迎水西里	迎水东里	凤园南里	宾水北里	紫金南里
年份	1984	1983	1986	1983	1996

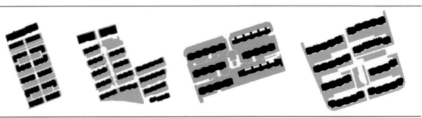

居住小区	纪发公寓	博兰苑	清泽园	清秀园
年份	1999	2002	2006	1998

图 4-10 片块式绿地布局概化模型
（注：黑色部分为建筑、绿色部分为绿地区域）

表 4-2　片块式绿地布局指标

居住小区	年份	绿地率/%	绿地密度/ (个/km²)	平均斑块面积/m²	绿地斑块面积标准差/m²	绿地离散度/m
宾水北里	1983	17.98	466.077 337 8	393	0.029 3	9.066 8
迎水西里	1984	13.50	189.152 125 6	870	0.093 7	13.923 8
凤园南里	1986	24.44	264.400 377 7	930	0.077 2	10.085 9
紫金南里	1996	17.63	386.635 306 2	362	0.052 7	8.333 8
纪发公寓	1999	29.51	1 157.716 627 0	242	0.020 5	3.091 5
博兰苑	2002	31.40	323.471 586 7	564	0.080 0	5.224 3

2. 采用围合式绿地布局的居住小区的计算结果

此类居住小区绿地布局的概化模型如图 4-11 所示，绿地布局指标如表 4-3 所示。

居住小区	谊景村	长华里	貌川里	香水园
年份	1997	1999	1991	2004

图 4-11　围合式绿地布局概化模型

表 4-3　围合式绿地布局指标

居住小区	年份	绿地率/%	绿地密度/ (个/km²)	平均斑块面积/m²	绿地斑块面积标准差/m²	绿地离散度/m
貌川里	1991	35.57	1 485.969 023 0	202	0.017 6	3.997 9
谊景村	1997	31.86	549.048 316 3	578	0.049 5	4.404 3
长华里	1999	38.31	322.992 311 5	1 106	0.120 8	5.142 8
香水园	2004	38.00	236.838 543 8	1 184	0.263 7	3.797 7

3. 采用轴线式绿地布局的居住小区的计算结果

此类居住小区绿地布局的概化模型如图 4-12 所示,绿地布局指标如表 4-4 所示。

居住小区	居华里	安华里	地华里
年份	1997	1998	1999

图 4-12 轴线式绿地布局概化模型

表 4-4 轴线式绿地布局指标

居住小区	年份	绿地率/%	绿地密度 / (个/km²)	平均斑块面积/m²	绿地斑块面积 标准差/m²	绿地离散度/m
居华里	1997	29.7	413.445 239 2	790	0.138	4.977 3
安华里	1998	31.77	354.412 434 8	869	0.126	6.698 9
地华里	1999	39.10	403.864 674 3	1 305	0.185	3.954 4

根据上述计算结果可知,从整体上看,居住小区绿地率随着年份的推进而显著提高。与此同时,平均斑块面积也随之增大。这与居住小区中出现被建筑围合的面积较大的 1 个或多个集中绿地直接相关,并且在采用围合式绿地布局和轴线式绿地布局的居住小区中尤为凸显,使得这两类居住小区的绿地斑块面积标准差明显大于采用片块式绿地布局的居住小区。绿地率较低的采用片块式绿地布局的居住小区,其绿地离散度普遍高于采用围合式和轴线式绿地布局的居住小区,而绿地率提高,绿地的破碎程度随之降低,绿地的离散度随之降低。

4.3 典型居住小区绿地布局与产汇流过程的关系研究

4.3.1 研究对象与方法

1. 研究对象

选取绿地布局形式特点突出且基础资料准确、全面的 3 个居住小区作为研究对象，分别如下。

（1）采用片块式绿地布局的居住小区：凤园南里。

（2）采用围合式绿地布局的居住小区：谊景村。

（3）采用轴线式绿地布局的居住小区：安华里。

2. 研究方法

1）SWMM（暴雨洪水管理模型）

SWMM 是美国环境保护署开发的具有动态模拟功能的暴雨洪水管理模型，用于城市单一降水事件的模拟、长期的水量和水质模拟。SWMM 可以计算包括降水、蒸发、洼地截流、下渗等在内的城市水文过程，还具有很多水力模拟的功能，如模拟径流和外来水流在管道、渠道、蓄水和处理单元、分水建筑物等中的流动，具有使用广泛、兼容性强等特点。本研究采用 SWMM 5.1 作为水文分析工具。

（1）下渗的计算方法如下。

SWMM 中流域中的降水进入不饱和土壤区域的下渗方法有 3 种，分别是霍顿（Horton）入渗方程、格林 - 安普特（Green-Ampt）方程、径流曲线数法（SCS-CN 法）。结合本地实际降雨资料和相关参考文献，本研究选用霍顿方程作为子汇水区下渗方法。

霍顿方程是根据经验得出的：

$$f(t) = f_c + (f_0 - f_c) e^{-\beta t} \tag{4-1}$$

式中　β——常数，下渗曲线的递减参数（随土质而变）；

　　　f_0——初始下渗率（也称最大下渗率）；

　　　f_c——稳定下渗率；

　　　t——时间；

　　　e——自然对数底数。

（2）汇流的计算方法如下。

SWMM 利用质量和动量守恒方程计算管道中的稳定流和非稳定流，包含的计算方法有稳定流（steady flow）法、运动波（kinematic wave）法、动力波（dynamic wave）法。

在 3 种计算方法中，动力波法利用曼宁公式将流速、水深和摩擦力联系起来计算，理论上是最准确的，因而本研究采取动力波法进行汇流计算。

（3）设计雨型与模型参数的选择如下。

降雨雨型是雨水管理系统模拟与计算中的关键概念，可以用于城市雨水系统规划方案模拟评价、抗洪涝评价和风险评价。《天津市海绵城市建设技术导则》中将天津地区按暴雨强度分为 4 个分区，本书中的研究对象均位于第 I 区，其设计暴雨强度公式为

$$q = \frac{2\,141(1 + 0.756\,2 \log P)}{(t + 9.609\,3)^{0.689}} \tag{4-2}$$

式中　q——设计暴雨强度，L/（s·hm²）；

　　　t——降雨历时，min；

　　　P——设计重现期，年。

式（4-2）的适用范围为：$5\,\text{min} \leqslant t \leqslant 180\,\text{min}$，$P = 2 \sim 100$ 年。

选取设计重现期为 2 年、降雨历时为 24 h、总降雨量为 89.0 mm 的降雨进行分析，24 h 设计暴雨雨型分配情况如表 4-5、图 4-13 所示，表中序号表示时间段排序，每个时间段为 1 h。

除此之外，模型参数还包括水文参数、水力参数和 LID 参数等，部分参数可通过实际测量得到或以 CAD 施工图为依据计算获得，例如子汇水区面积、不透水地表比例、地表高程等，部分不可测量参数如曼宁系数等主要参考天津地区应用的参数设定。

表 4-5 24 h 设计暴雨雨型分配表
（来源：《天津市海绵城市建设技术导则》）

序号	1	2	3	4	5	6	7	8	9	10	11	12
比例/%	7.84	9.51	47.35	4.51	3.43	2.45	2.75	2.94	1.67	0.88	1.48	2.35
序号	13	14	15	16	17	18	19	20	21	22	23	24
比例/%	0.88	0.88	0.69	0.78	0.88	0.88	0.88	2.07	0.98	0.78	1.18	1.96

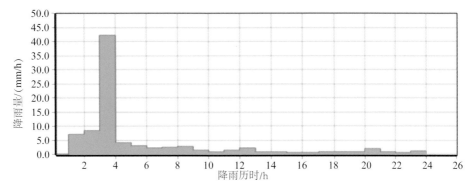

图 4-13 24 h 设计暴雨雨型分配图
（来源：《天津市海绵城市建设技术导则》）

子汇水区宽度的物理意义是子汇水区面积除以地表漫流最长路径长度。但其无法直接测量得到，常见的子汇水区宽度计算公式有以下几个。

$$Width=1.7Max(Height,Width) \tag{4-3}$$

$$Width=K\sqrt{Area} \qquad (0.2<K<5) \tag{4-4}$$

$$Width=K\times Perimeter \qquad (0<K<1) \tag{4-5}$$

$$Width=(Area|Flowlength) \tag{4-6}$$

本书根据研究内容与计算过程选取式（4-4）作为子汇水区宽度的计算公式，参数 $K=1.4$。

此外，研究的居住小区的整体坡度较小，地表平均坡度为 0.05%，土壤为黏性；不透水地表洼蓄深为 0.38 mm，透水地表洼蓄深为 1.52 mm；不透水地表和透水地表的地表粗糙率分别取值 0.015 和 0.030。

2) Fragstats 景观格局分析软件

Fragstats 是美国俄勒冈州立大学森林科学系开发的一个基于分类图像的定量分析景观结构组成和空间格局的计算机程序,可用来计算斑块镶嵌的景观格局指数,也可量化景观结构(即组成和配置)的空间模式。它提供了基于单元格的指标、表面指标、抽样策略、功能指标、度量标准等多种功能模块,运算后可获得 3 个层次的景观指标,即单个斑块的指标(individual patch indices/metrics)、斑块类型的指标(patch class indices/metrics)和整体景观的指标(landscape indices/metrics)。Fragstats 可以对环境变量进行流程分析和控制,解决环境变量中出现的各类问题,是景观生态学中计算景观格局常用的软件。

4.3.2　典型居住小区绿地雨洪管理潜力评估

在很多情况下,出于安全和审美的考虑,居住区绿地中并不适宜大量布设下凹绿地、雨水花园等设施,本研究试图在居住区绿地现状布局的条件下,基于绿地本身的持水能力(不考虑绿地通过下凹而额外获得的雨洪调蓄能力)、居住区绿地所具备的雨洪管理能力,在海绵化改造中鼓励探索以既有居住区既有雨洪能力充分发挥为首要任务的方案,进而避免"盲目挖坑"现象的盛行。本部分以现状情况和理想情况下雨水径流经地面有组织排水系统全部汇入绿地这两种情况为研究对象,对其雨洪管理能力进行模拟和结果比较。其中,理想情况不考虑绿地通过下凹而额外获得的雨洪调蓄能力,仅考虑绿地本身的持水能力。

利用 4.3.1 中的设计暴雨强度公式和模型参数,建立现状情况和理想情况下的暴雨洪水管理模型。假设管网初始水深为 0,蒸发量忽略不计,排放口均自由出流,3 个典型居住小区的模拟计算结果如下。

1. 凤园南里 SWMM 及其计算结果

现状基准模型:以现状的场地竖向、汇水分区划分、下垫面类型特点为依据建立,充分反映凤园南里绿地高程高于道路、道路与绿地之间有路缘石阻隔等影响产汇流过程的细节信息。

理想模型:道路为透水铺装,路缘石和雨落管断接,规划地表有组织汇流路径,场地产生的雨水径流均先经绿地下渗再溢流至市政管网,绿地中无下凹绿地等 LID 设施。

模拟计算显示,在 2 年一遇的设计暴雨强度下,现状基准模型与理想模型均在降雨开始 3.5 h 时小区径流达到峰值。观察图 4-14 中的管段流量可发现,在峰值时刻现状基准模型中大部分管段流量超过 0.15 m^3/s,末端管道流量为 0.41 m^3/s;而在同一时刻,理想模型中各管段流量均小于现状基准模型中的流量，末端管道流量为 0.30 m³/s。这说明由于一部分雨水径流经绿地下渗、储蓄未进入管网，故管道流量明显减小。

下垫面概化图

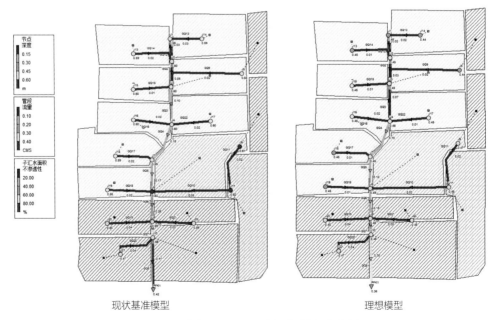

现状基准模型   理想模型

图 4-14 凤园南里 SWMM 和峰值时刻管段流量分布图

小区末端管道流量过程线（图4-15）将现状基准模型与理想模型的产生流量时间、峰值流量、达到峰值流量时间和径流总量进行了对比，从中可以发现，理想模型即将雨水先引导至绿地中下渗再排入市政管网的方式可显著降低峰值流量和径流总量。根据模拟结果，在理想情况下可实现峰值流量和径流总量分别降低25.82%和49.51%。模拟结果如表4-6所示。

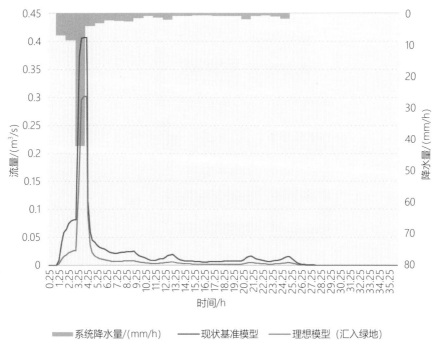

图4-15　凤园南里末端管道流量过程线

表4-6　凤园南里模拟结果

指标	现状基准模型	理想模型（汇入绿地）
产生流量时间/h	1.25	1.25
峰值流量/（m³/s）	0.406 6	0.301 6
达到峰值流量时间/h	3.5	3.5
径流总量/m³	3 090	1 560

2. 谊景村 SWMM 及其计算结果

谊景村现状基准模型和理想模型的建立要求与凤园南里相同。模拟计算显示，在2年一遇的设计暴雨强度下，现状基准模型与理想模型均在降雨开始3 h时小区径流达到峰值。

观察图4-16中的管段流量可发现，在峰值时刻现状基准模型中大部分管段流量超过 $0.15\,\mathrm{m^3/s}$，末端管道流量为 $0.40\,\mathrm{m^3/s}$；而在同一时刻，理想模型中各管段流量均小于现状基准模型中的流量，末端管道流量为 $0.31\,\mathrm{m^3/s}$。这说明由于一部分雨水径流经绿地下渗、储蓄未进入管网，故管道流量明显减小。

下垫面概化图

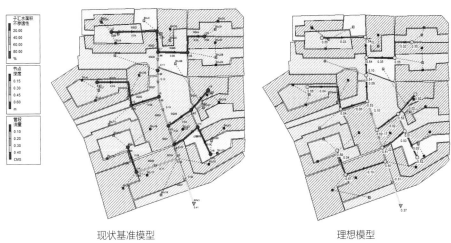

现状基准模型　　　　　　　　理想模型

图 4-16　谊景村 SWMM 和峰值时刻管段流量分布图

小区末端管道流量过程线（图4-17）将现状基准模型与理想模型的产生流量时间、峰值流量、达到峰值流量时间和径流总量进行了对比，从中可以发现，理想模型即将雨水先引导至绿地中下渗再排入市政管网的方式可显著降低峰值流量和径流总量。根据模拟结果，在理想情况下可实现峰值流量和径流总量分别降低 21.42% 和 54.51%。模拟结果如表 4-7 所示。

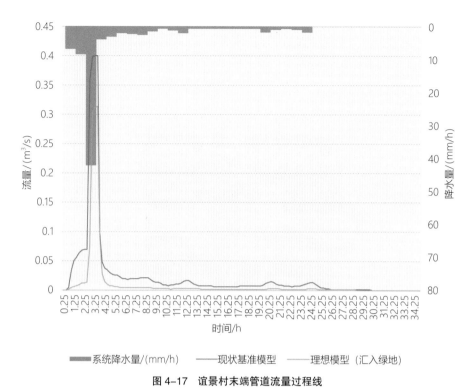

图 4-17　谊景村末端管道流量过程线

表 4-7　谊景村模拟结果

指标	现状基准模型	理想模型（汇入绿地）
产生流量时间/h	1.25	1.25
峰值流量/（m³/s）	0.399 6	0.314 0
达到峰值流量时间/h	3.0	3.0
径流总量/m³	2 770	1 260

3. 安华里 SWMM 及其计算结果

安华里现状基准模型和理想模型的建立要求与凤园南里相同。模拟计算显示，在 2 年一遇的设计暴雨强度下，现状基准模型与理想模型均在降雨开始 4 h 时小区径流达到峰值。观察图 4-18 中的管段流量可发现，在峰值时刻现状基准模型中大部分管段流量超过 0.10 m³/s，末端管道流量为 0.30 m³/s；而在同一时刻，理想模型中各管段流量均小于现状基准模型中的流量，末端管道流量为 0.24 m³/s。这说明由于一部分雨水径流经绿地下渗、储蓄未进入管网，故管道流量明显减小。

建筑
绿地

下垫面概化图

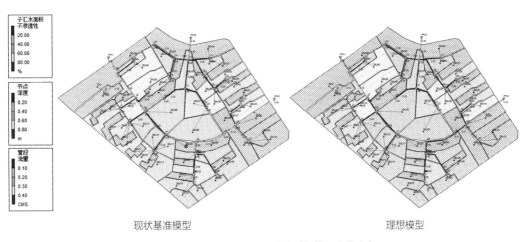

现状基准模型   理想模型

图 4-18 安华里 SWMM 和峰值时刻管段流量分布图

小区末端管道流量过程线（图 4-19）将现状基准模型与理想模型的产生流量时间、峰值流量、达到峰值流量时间和径流总量进行了对比，从中可以发现，理想模型即将雨水先引导至绿地中下渗再排入市政管网的方式可显著降低峰值流量和径流总量。根据模拟结果，在理想情况下可实现峰值流量和径流总量分别降低 35.86% 和 59.23%。模拟结果如表 4-8 所示。

对比上述 3 组模拟计算结果可知，虽然 3 个典型居住小区的绿地布局不同，但即使不对绿地进行下凹处理，仅将屋面、道路等不透水下垫面的雨水径流与市政管网断接，通过地面有组织汇流将雨水径流优先导入绿地，便可显著提升居住小区的雨洪管理能力。

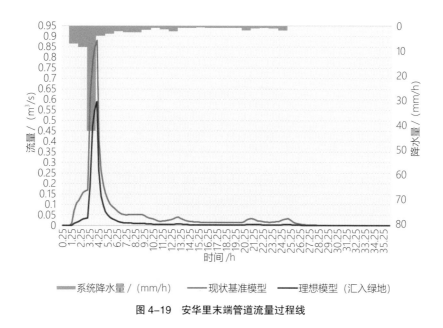

图 4–19　安华里末端管道流量过程线

表 4–8　安华里模拟结果

指标	现状基准模型	理想模型（汇入绿地）
产生流量时间/h	1.25	1.25
峰值流量/（m³/s）	0.882 1	0.565 8
达到峰值流量时间/h	4.0	4.0
径流总量/m³	6 890	2 809

4.3.3　典型居住小区绿地布局与产汇流过程的关系研究

4.3.3.1　凤园南里绿地布局与产汇流过程的关系

1. 建立不同绿地情境下的产汇流过程模拟模型

采用控制变量法，建立凤园南里绿地布局与产汇流过程的关系，即分别以居住小区的绿地密度（PD）、平均斑块面积（MPS）、绿地斑块面积标准差（PSSD）、绿地连接度（γ）为变量建立 4 个单一绿地布局指标分别变化后的居住小区 SWMM，模拟计算单一绿地布局变量情境下场地末端管道流量变化，比较分析凤园南里绿地布局与产汇流过程的关系。

基准模型：绿地布局、绿地总面积、绿地密度、平均斑块面积、绿地连接度等均维持现状不变，但道路采用透水铺装，并通过路缘石和雨落管断接，使场地产生的雨水径流能够先汇入绿地下渗，然后溢流至市政管网，绿地中无下凹绿地等 LID 设施。

绿地调整模型 1：在绿地率不变的情况下，通过增大中心绿地面积、减小宅旁绿地面积，增大绿地斑块面积标准差。

绿地调整模型 2：在绿地率不变的情况下，通过在绿地之间设置连接设施，如地下暗渠、砾石沟等，加强绿地之间、不透水地面与绿地间的联系，将绿地连接度增大一倍。

绿地调整模型 3：在绿地率提高 10% 的基础上，按照居住小区中各绿地斑块的面积比例，相应地增大每一个绿地斑块的面积，但不增加绿地斑块数，仅增大平均斑块面积，维持绿地密度不变。

绿地调整模型 4：在绿地率提高 10% 的基础上，通过增加新的绿地，增大绿地密度，维持平均斑块面积不变，即在相同的用地面积中增加绿地斑块数。

基于以上 5 种绿地布局，建立相应的 SWMM，模型中道路设为透水铺装，路缘石和雨落管断接，规划地表有组织汇流路径，场地产生的雨水径流均先经绿地下渗再溢流至市政管网，绿地中无下凹绿地等 LID 设施。凤园南里的绿地指标控制变量如表 4-9 所示。

表 4-9　凤园南里绿地指标控制变量

指标	绿地率/%	绿地密度 / (个/km²)	平均斑块面积 /m²	绿地斑块面积标准差	绿地连接度	绿地离散度
基准模型	25	264.40	930.00	0.077 2	0.4	10.08
绿地调整模型 1	25	264.40	930.00	0.180 0	0.4	10.08
绿地调整模型 2	25	264.40	930.00	0.077 2	0.8	10.08
绿地调整模型 3	35	264.40	1 330.89	0.077 2	0.4	10.08
绿地调整模型 4	35	377.71	930.00	0.077 2	0.4	10.08

2. 产汇流过程模拟结果

1）绿地率不变的情况

在 2 年一遇的设计暴雨强度下，模拟计算获得基准模型、绿地调整模型 1、绿地调整模型 2 的管段流量图（图 4-20）、末端管道流量过程线（图 4-21）和 3 个计算工况下的产生流量时间、峰值流量、达到峰值流量时间和径流总量（表 4-10）。

对模拟结果进行比较有如下发现。在峰值流量方面，与基准模型相比，绿地调整模型 1 增大中心绿地面积，峰值流量不降反升；绿地调整模型 2 增大绿地连接度，对峰值流量降低有一定的效果，降低了 1.1%。在延迟产生流量时间与达到峰值流量时间方面，绿地调整模型1增大中心绿地面积未发挥作用；绿地调整模型2增大绿地连接度，将产生流量时间延迟了15 min，但对达到峰值流量时间未产生影响。在径流总量方面，绿地调整模型1增大中心绿地面积可降低径流总量9.8%；绿地调整模型2增大绿地连接度可降低径流总量34.5%。

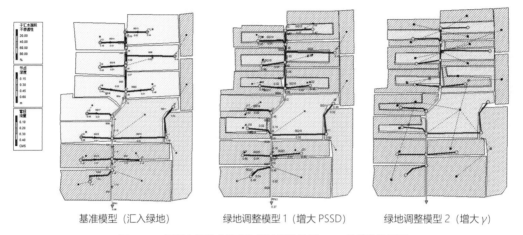

基准模型（汇入绿地）　　　绿地调整模型1（增大 PSSD）　　　绿地调整模型2（增大 γ）

图 4-20　凤园南里基准模型与绿地调整模型 1、2 的管段流量图

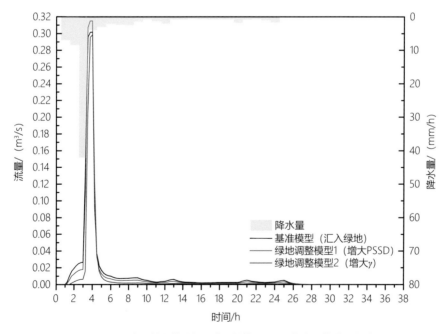

图 4-21　凤园南里基准模型与绿地调整模型 1、2 的末端管道流量过程

　　鉴于增大中心绿地面积这一方式对雨洪管理能力的负面影响，增设以绿地斑块面积标准差减小为变化条件的绿地调整模型5，进一步探究绿地斑块面积标准差与雨洪管理能力的关系。

表 4-10　凤园南里基准模型与绿地调整模型 1、2 的模拟结果

指标	基准模型（汇入绿地）	绿地调整模型 1（增大 PSSD）	绿地调整模型 2（增大 γ）
产生流量时间/h	1.25	1.25	1.50
峰值流量/（m³/s）	0.301 6	0.315 1	0.298 3
达到峰值流量时间/h	4	4	4
径流总量/m³	1 555.5	1 402.3	1 018.6

　　模拟结果显示，与基准模型相比，在降低峰值流量、延迟达到峰值流量时间方面，绿地调整模型 5 减小绿地斑块面积标准差达到的效果均不明显，但将径流总量降低了 16.5%，产生流量时间延迟了 15 min，如图 4-22 所示。由此可见，在绿地总面积不变的前提下，实际改造时无须盲目增大中心绿地面积以提高场地调蓄能力，增大绿地连接度是最有效的提高场地的雨洪管理能力的绿地调整方式。凤园南里绿地调整模型 5 的绿地指标控制变量如表 4-11 所示。

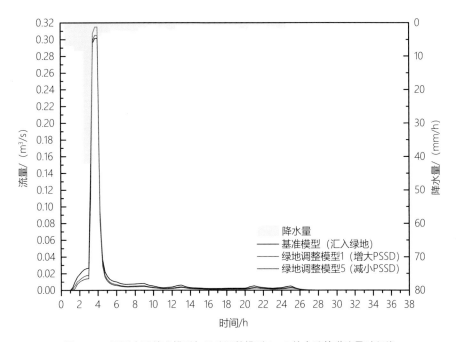

图 4-22　凤园南里基准模型与绿地调整模型 1、5 的末端管道流量过程线

表 4-11　凤园南里绿地调整模型 5 的绿地指标控制变量

指标	绿地率/%	绿地密度/（个/km²）	平均斑块面积/m²	绿地斑块面积标准差	绿地连接度	绿地离散度
绿地调整模型 5	25	264.40	930.00	0.039 2	0.12	10.08

2）绿地率提高 10% 的情况

绿地调整模型 3 与绿地调整模型 4 在居住小区现状绿地布局的基础上将绿地率提高了 10%，设置这两个模型的目的是探讨在居住小区可增设绿地空间的情况下，哪种方式对提高雨洪管理能力的效果更明显。

在 2 年一遇的设计暴雨强度下，达到峰值流量的时刻绿地调整模型 3 与绿地调整模型 4 的管段流量如图 4-23 所示。

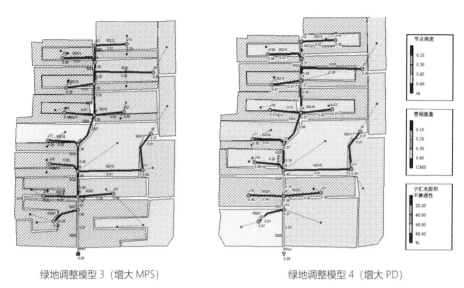

绿地调整模型 3（增大 MPS）　　　　　　绿地调整模型 4（增大 PD）

图 4-23　达到峰值流量的时刻凤园南里绿地调整模型 3、4 的管段流量图

根据模拟数据绘制基准模型、绿地调整模型 3、绿地调整模型 4 的末端管道流量过程线，如图 4-24 所示。

3 个模型的产生流量时间、峰值流量、达到峰值流量时间和径流总量如表 4-12 所示。

对比模拟结果发现，不同的绿地增加方式对峰值流量的影响不同。绿地调整模型 3 增大平均斑块面积可降低峰值流量 31.2%，绿地调整模型 4 增大绿地密度可降低峰值流量 25.4%。

不同的绿地增加方式对延迟产生流量时间与达到峰值流量时间的效果不同。模拟结果显示，绿地调整模型 3 增大平均斑块面积对延迟产生流量时间与达到峰值流量时间效果不明显。在该模拟条件下，绿地调整模型 4 增大绿地密度将产生流量时间延迟了 90 min，效果显著。

不同的绿地增加方式降低径流总量的效果也不同。绿地调整模型 3 增大平均斑块面积可降低径流总量 44.3%，绿地调整模型 4 增大绿地密度可降低径流总量 54.8%。由此可见，对采用片块式绿地布局的居住小区而言，在绿地面积可增大的前提下，增大绿地密度对雨洪管理能力的提高更明显。

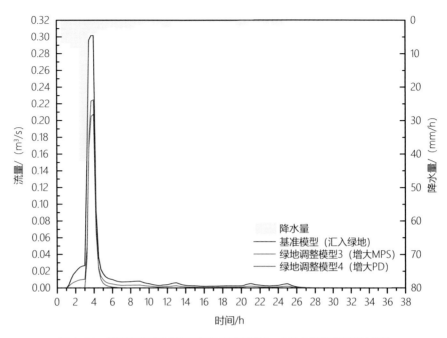

图 4-24　凤园南里基准模型与绿地调整模型 3、4 的末端管道流量过程线

表 4-12　凤园南里基准模型与绿地调整模型 3、4 的模拟结果

指标	基准模型（汇入绿地）	绿地调整模型 3（增大 MPS）	绿地调整模型 4（增大 PD）
产生流量时间/h	1.25	1.25	2.75
峰值流量/（m³/s）	0.301 6	0.207 6	0.224 9
达到峰值流量时间/h	4	4	4
径流总量/m³	1 555.5	866.2	703.0

3. 建立凤园南里绿地布局与产汇流过程的关系

根据上述模拟结果，对比相同设计暴雨强度下 4 个单一绿地布局指标分别变化后的居住小区雨洪管理能力，总结凤园南里绿地布局与产汇流过程的关系如下（表 4-13、图 4-25）。

（1）在绿地率不变的情况下，增大绿地连接度与减小绿地斑块面积标准差均可以起到降低径流总量、增加下渗量的作用，且增大绿地连接度亦可降低峰值流量、延迟产生流量时间。由此可见，增大绿地连接度的方法明显优于减小绿地斑块面积标准差的方法，尤其在降低径流总量的效果方面。增大绿地连接度的方法能将居住小区绿地中的水流连通，当某区域的下渗饱和后，雨水可溢流至未下渗饱和的绿地中，从而增加场地的雨水下渗量。因而对采用片块式绿地布局的居住小区，在可置换空间有限、绿地分布不均、无法提高绿地率的情况下，建议优先选择将居住小区的绿地连通。根据模拟结果，增大绿地斑块面积标准差对提高场地的雨洪管理能力效果不明显。在实际情况下，忽视绿地连接度而盲目地增大中心绿地面积是不利于提高场地的雨洪管理能力的。

表 4-13　凤园南里各模型雨水径流控制效果

指标	绿地调整模型 1（增大 PSSD）	绿地调整模型 2（增大 γ）	绿地调整模型 3（增大 MPS）	绿地调整模型 4（增大 PD）	绿地调整模型 5（减小 PSSD）
峰值流量降低率/%	-4.5	1.1	31.2	25.4	0.0
径流总量降低率/%	9.8	34.5	44.3	54.8	16.5
延迟产生流量时间/h	0.00	0.25	0.00	1.50	0.25
延迟达到峰值流量时间/h	0.00	0.00	0.00	0.00	0.00

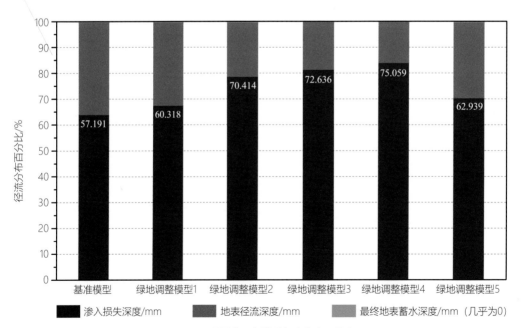

图 4-25　凤园南里各模型径流分布百分比
（注：图中数字表示渗入损失深度）

（2）在绿地率提高10%的情况下，增大平均斑块面积与增大绿地密度均可起到降低峰值流量、降低径流总量、增加下渗量的作用。在该模拟条件下，与基准模型相比，增大绿地密度的绿地调整模型4峰值流量降低率是25.4%，径流总量降低率为54.8%，延迟产生流量时间1.5 h；增大平均斑块面积的绿地调整模型3峰值流量降低率是31.2%，径流总量降低率为44.3%，未能起到延迟产生流量时间的作用。由此可见，采用片块式绿地布局的居住小区的海绵化改造可依据居住小区的雨洪管理目标进行方案的选择。若以降低径流总量、延迟产生流量时间为主要目标，则应采取增大绿地密度的方法；若以降低峰值流量为主要目标，则应采取增大平均斑块面积的方法。但综合来看，增大绿地密度的方式对雨洪管理能力的提高更有效。增大绿地密度的改造方案不仅符合将绿地分散布置、加强源头处理的基本原则，也进一步证明了绿地分散布置方式的有效性。

（3）综合上述模拟结果可知，对采用片块式绿地布局的居住小区而言，因汇流路径长度有限，上述几种绿地调整方式对延迟达到峰值流量时间效果均不明显，提高雨洪管理能力效果最明显的方案是通过增大绿地密度使绿地率提高10%的方案。在无法增加绿地的情况下，宜采取增大绿地连接度的方式，也能在较大程度上降低径流总量和峰值流量。

4.3.3.2 谊景村绿地布局与产汇流过程的关系

1. 建立不同绿地情境下的产汇流过程模拟模型

采用控制变量法，建立谊景村绿地布局与产汇流过程的关系，即分别以居住小区的绿地密度（PD）、平均斑块面积（MPS）、绿地斑块面积标准差（PSSD）、绿地连接度（Y）为变量建立4个单一绿地布局指标变化后的居住小区SWMM，模拟计算单一绿地布局变量情境下场地末端管道流量变化，比较分析谊景村绿地布局与产汇流过程的关系。谊景村的基准模型和4个绿地调整模型的建立要求与凤园南里相同。5个模型的绿地指标控制变量如表4-14所示。

表4-14 谊景村绿地指标控制变量

指标	绿地率/%	绿地密度 / (个/km²)	平均斑块面积 /m²	绿地斑块 面积标准差	绿地连接度	绿地离散度
基准模型	32	284.49	1 126	0.048 5	0.28	4.404 3
绿地调整模型1	32	284.49	1 126	0.163 7	0.28	4.404 3
绿地调整模型2	32	284.49	1 126	0.048 5	0.66	4.404 3
绿地调整模型3	42	284.49	1 406	0.048 5	0.28	4.404 3
绿地调整模型4	42	385.00	1 126	0.048 5	0.28	4.404 3

2. 产汇流过程模拟结果

1）绿地率不变的情况

在 2 年一遇的设计暴雨强度下，模拟计算获得基准模型、绿地调整模型 1、绿地调整模型 2 的管段流量图（图 4-26）、末端管道流量过程线（图 4-27）和 3 个计算工况下的产生流量时间、峰值流量、达到峰值流量时间和径流总量（表 4-15）。

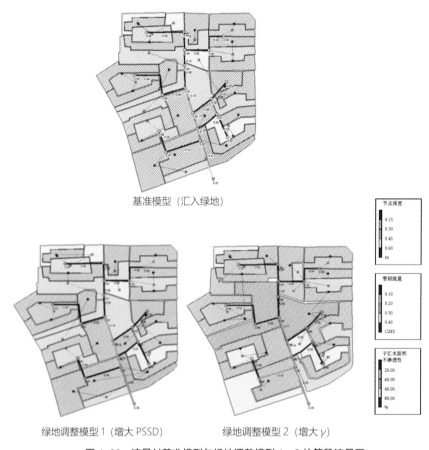

基准模型（汇入绿地）

节点深度
0.15
0.30
0.45
0.60
m

管段流量
0.10
0.20
0.30
0.40
CMS

子汇水面积
不渗透性
20.00
40.00
60.00
80.00
%

绿地调整模型 1（增大 PSSD）　　　绿地调整模型 2（增大 γ）

图 4-26　谊景村基准模型与绿地调整模型 1、2 的管段流量图

对模拟结果进行比较有如下发现。与基准模型相比，绿地调整模型 1 增大中心绿地面积、绿地调整模型 2 增大绿地连接度这两种方式均可起到降低峰值流量、降低径流总量的作用。前者对峰值流量的降低达到 8.4%，对径流总量的降低达到 14.4%；后者对峰值流量的降低达到 10.1%，对径流总量的降低达到 31.2%。由于居住小区汇流路径长度有限，故上述两种绿地调整方式未能起到延迟达到峰值流量时间的作用。绿地调整模型 2 增大绿地连接度对延迟产生流量时间作用明显，可达 120 min。绿地调整模型 1 增大中心绿地面积亦能延迟产生流量时间，但作用有限。

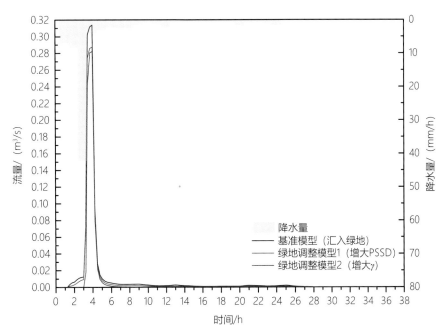

图 4-27　谊景村基准模型与绿地调整模型 1、2 的末端管道流量过程线

表 4-15　谊景村基准模型与绿地调整模型 1、2 的模拟结果

指标	基准模型（汇入绿地）	绿地调整模型 1（增大 PSSD）	绿地调整模型 2（增大 γ）
产生流量时间/h	1.25	1.50	3.25
峰值流量/（m³/s）	0.314 0	0.287 5	0.282 2
达到峰值流量时间/h	4	4	4
径流总量/m³	1 250.64	1 070.37	860.04

2）绿地率提高 10% 的情况

绿地调整模型 3 与绿地调整模型 4 在居住小区现状绿地布局的基础上将绿地率提高了 10%，设置这两个模型的目的是探讨在居住小区可增设绿地空间的情况下，哪种方式对提高雨洪管理能力的效果更明显。

在 2 年一遇的设计暴雨强度下，达到峰值流量的时刻绿地调整模型 3 和绿地调整模型 4 的管段流量如图 4-28 所示。根据模拟数据绘制基准模型、绿地调整模型 3、绿地调整模型 4 的末端管道流量过程线，如图 4-29 所示。3 个模型的产生流量时间、峰值流量、达到峰值流量时间和径流总量如表 4-16 所示。

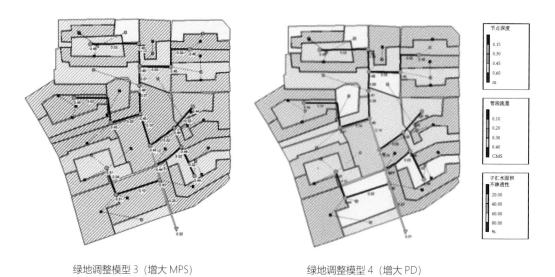

绿地调整模型 3（增大 MPS）　　　　　　　绿地调整模型 4（增大 PD）

图 4-28　达到峰值流量的时刻谊景村绿地调整模型 3、4 的管段流量图

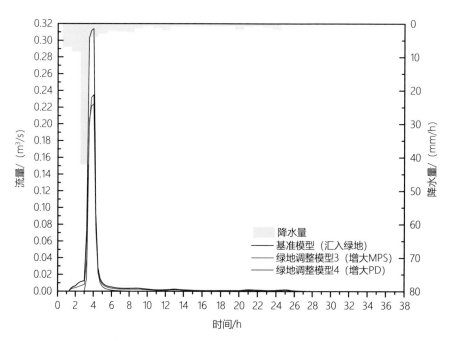

图 4-29　谊景村基准模型与绿地调整模型 3、4 的末端管道流量过程线

表 4-16　谊景村基准模型与绿地调整模型 3、4 的模拟结果

指标	基准模型（汇入绿地）	绿地调整模型 3（增大 MPS）	绿地调整模型 4（增大 PD）
产生流量时间/h	1.25	1.25	2.00
峰值流量/（m³/s）	0.314 0	0.223 8	0.234 9
达到峰值流量时间/h	4	4	4
径流总量/m³	1 250.64	873.09	731.88

对比模拟结果发现，不同的绿地增加方式对峰值流量的影响不同。绿地调整模型 3 增大平均斑块面积可降低峰值流量 28.7%，绿地调整模型 4 增大绿地密度可降低峰值流量 25.2%。

不同的绿地增加方式对延迟产生流量时间的效果不同。模拟结果显示，绿地调整模型 3 增大平均斑块面积未能对产生流量时间起到延迟作用，但绿地调整模型 4 将产生流量时间延迟了 45 min。由于居住小区汇流路径长度有限，故上述两种绿地调整方式未能起到延迟达到峰值流量时间的作用。

不同的绿地增加方式降低径流总量的效果也不同。绿地调整模型 3 增大平均斑块面积可降低径流总量 30.2%，绿地调整模型 4 增大绿地密度可降低径流总量 41.5%。由此可见，在该模拟条件下增大绿地密度对居住小区雨洪管理能力的提高更明显。

3. 建立谊景村绿地布局与产汇流过程的关系

根据上述模拟结果，对比相同设计暴雨强度下 4 个单一绿地布局指标分别变化后的居住小区雨洪管理能力，总结谊景村绿地布局与产汇流过程的关系如下（表 4-17、图 4-30）。

（1）在绿地率不变的情况下，增大绿地连接度对降低峰值流量、降低径流总量、增加下渗量的效果最明显。在该模拟条件下，与基准模型相比，增大绿地连接度的绿地调整模型 2 在降低峰值流量、降低径流总量、延迟产生流量时间方面效果明显，对雨水径流的调控作用明显优于绿地调整模型 1。

（2）在绿地率提高 10% 的情况下，增大平均斑块面积与增大绿地密度均可以起到降低峰值流量、降低径流总量、增加下渗量的作用。在该模拟条件下，与基准模型相比，绿地调整模型 3 和绿地调整模型 4 降低峰值流量的效果接近，但绿地调整模型 4 能够大幅降低径流总量、延迟产生流量时间。由此可见，采用围合式绿地布局的居住小区进行海绵化改造，若以降低峰值流量、降低径流总量、延迟达到峰值流量时间中的任何一个为目标，增大绿地密度的方法均比增大平均斑块面积的方法有效。

表 4-17 谊景村各模型雨水径流控制效果

指标	绿地调整模型 1 (增大 PSSD)	绿地调整模型 2 (增大 γ)	绿地调整模型 3 (增大 MPS)	绿地调整模型 4 (增大 PD)
峰值流量降低率/%	8.4	10.1	28.7	25.2
径流总量降低率/%	14.4	31.2	30.2	41.5
延迟产生流量时间/h	0.25	2.00	0.00	0.75
延迟达到峰值流量时间/h	0.00	0.00	0.00	0.00

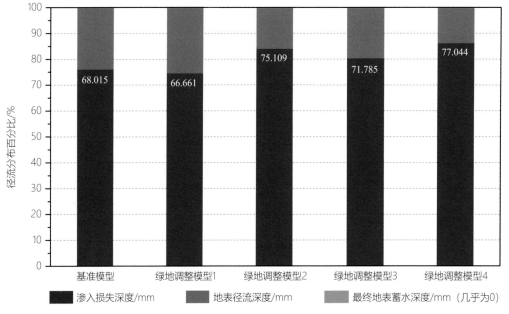

图 4-30 谊景村各模型径流分布百分比
（注：图中数字表示渗入损失深度）

（3）从各项降低率来看，提高雨洪管理能力效果最明显的方案是绿地率提高 10% 且增大绿地密度的方案。除此之外，若以提高峰值流量降低率为主要目标，采取绿地率提高 10% 且增大平均斑块面积的方案较好。在无法增加绿地的情况下，以提高径流总量降低率为主要目标，宜采取增大绿地连接度的方案。

4.3.3.3 安华里绿地布局与产汇流过程的关系

1. 建立不同绿地情境下的产汇流过程模拟模型

采用控制变量法，建立安华里绿地布局与产汇流过程的关系，即分别以居住小区绿地密度（PD）、平均斑块面积（MPS）、绿地斑块面积标准差（PSSD）、绿地连接度（γ）为变量建立 4 个单一绿地布局指标变化后的居住小区 SWMM，模拟计算单一绿地布局变量情境下场地末端管道流量变化，比较分析安华里绿地布局与产汇流过程的关系。安华里基准模型和 4 个绿地调整模型的建立要求与凤园南里相同。5 个模型的绿地指标控制变量如表 4-18 所示。

表 4-18　安华里绿地指标控制变量

指标	绿地率/%	绿地密度 / （个/km²）	平均斑块面积 /m²	绿地斑块 面积标准差	绿地连接度	绿地离散度
基准模型	32	354.41	869	0.125 7	0.29	6.7
绿地调整模型 1	32	354.41	869	0.200 0	0.29	6.7
绿地调整模型 2	32	354.41	869	0.125 7	0.75	6.7
绿地调整模型 3	42	354.41	1 141	0.125 7	0.29	6.7
绿地调整模型 4	42	484.00	869	0.125 7	0.29	6.7

2. 产汇流过程模拟结果

1）绿地率不变的情况

在 2 年一遇的设计暴雨强度下，模拟计算获得基准模型、绿地调整模型 1、绿地调整模型 2 的管段流量图（图 4-31）、末端管道流量过程线（图 4-32）和 3 个计算工况下的产生流量时间、峰值流量、达到峰值流量时间和径流总量（表 4-19）。

对模拟结果进行比较有如下发现。在峰值流量方面，与基准模型相比，绿地调整模型 1 增大中心绿地面积，峰值流量不降反升；绿地调整模型 2 增大绿地连接度，对峰值流量降低有一定的效果，降低了 10.2%。在延迟产生流量时间与达到峰值流量时间方面，绿地调整模型 1 增大中心绿地面积未发挥作用；绿地调整模型 2 增大绿地连接度亦未对延迟达到峰值流量时间产生效果，但将产生流量时间延迟了 120 min。在径流总量方面，绿地调整模型 2 增大绿地连接度可降低径流总量 35.6%。

2）绿地率提高 10% 的情况

绿地调整模型 3 与绿地调整模型 4 在居住小区现状绿地布局的基础上将绿地率提高了 10%，设置这两个模型的目的是探讨在居住小区可增设绿地空间的情况下，哪种方式对提高雨洪管理能力的效果更明显。

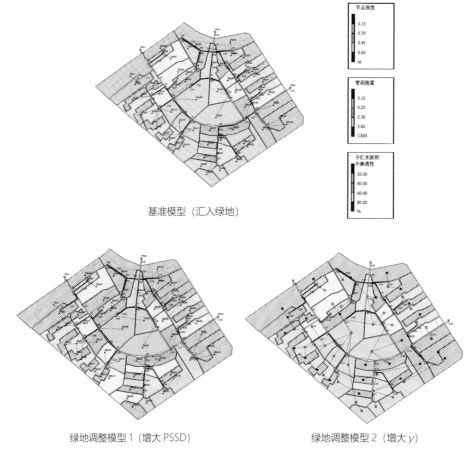

基准模型（汇入绿地）

绿地调整模型 1（增大 PSSD）　　　　　　绿地调整模型 2（增大 γ）

图 4-31　安华里基准模型与绿地调整模型 1、2 的管段流量图

在 2 年一遇的设计暴雨强度下，达到峰值流量的时刻绿地调整模型 3 和绿地调整模型 4 的管段流量如图 4-33 所示。根据模拟数据绘制基准模型、绿地调整模型 3、绿地调整模型 4 的末端管道流量过程线，如图 4-34 所示。3 个模型的产生流量时间、峰值流量、达到峰值流量时间和径流总量如表 4-20 所示。

对比模拟结果发现，不同的绿地增加方式对峰值流量的影响不同。绿地调整模型 3 增大平均斑块面积可降低峰值流量 35.5%，绿地调整模型 4 增大绿地密度可降低峰值流量 40.9%。

不同的绿地增加方式对延迟产生流量时间与达到峰值流量时间的效果不同。模拟结果显示，绿地调整模型 3 增大平均斑块面积未能延迟产生流量时间与达到峰值流量时间。在该模拟条件下，绿地调整模型 4 增大绿地密度将产生流量时间延迟了 30 min，但未延迟达到峰值流量时间。

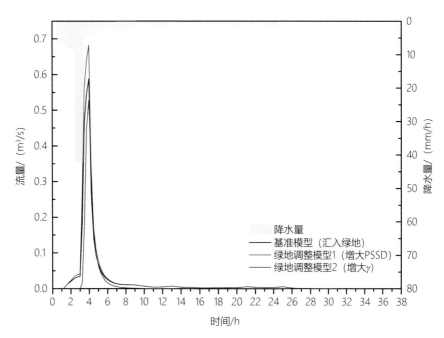

图 4-32　安华里基准模型与绿地调整模型 1、2 的末端管道流量过程线

表 4-19　安华里基准模型与绿地调整模型 1、2 的模拟结果

指标	基准模型（汇入绿地）	绿地调整模型 1（增大 PSSD）	绿地调整模型 2（增大 γ）
产生流量时间/h	1.25	1.25	3.25
峰值流量/（m^3/s）	0.588 4	0.682 8	0.528 2
达到峰值流量时间/h	4	4	4
径流总量/m^3	2 819.61	3 293.19	1 816.02

　　不同的绿地增加方式降低径流总量的效果也不同。绿地调整模型 3 增大平均斑块面积可降低径流总量 29.7%，绿地调整模型 4 增大绿地密度可降低径流总量 58.3%。由此可见，在该模拟条件下增大绿地密度对雨洪管理能力的提高更明显。

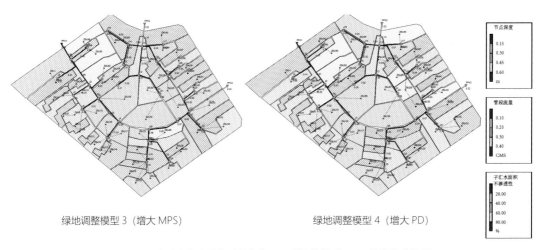

绿地调整模型 3（增大 MPS）　　　　　　　　绿地调整模型 4（增大 PD）

图 4-33　达到峰值流量的时刻安华里绿地调整模型 3、4 的管段流量图

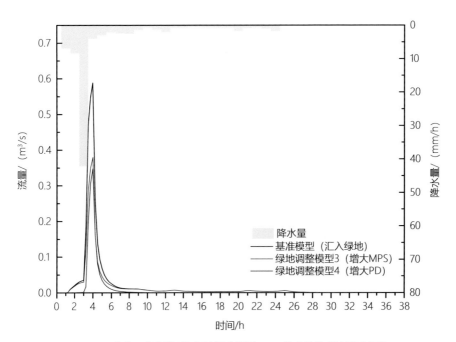

图 4-34　安华里基准模型与绿地调整模型 3、4 的末端管道流量过程线

表 4-20 安华里基准模型与绿地调整模型 3、4 的模拟结果

指标	基准模型（汇入绿地）	绿地调整模型 3（增大 MPS）	绿地调整模型 4（增大 PD）
产生流量时间/h	1.25	1.25	1.75
峰值流量/（m³/s）	0.588 4	0.379 3	0.347 5
达到峰值流量时间/h	4	4	4
径流总量/m³	2 819.61	1 981.35	1 176.48

3. 建立安华里绿地布局与产汇流过程的关系

根据上述模拟结果，对比相同设计暴雨强度下 4 个单一绿地布局指标分别变化后的居住小区雨洪管理能力，总结安华里绿地布局与产汇流过程的关系如下（表 4-21、图 4-35）。

表 4-21 安华里各模型雨水径流控制效果

指标	绿地调整模型 1（增大 PSSD）	绿地调整模型 2（增大 γ）	绿地调整模型 3（增大 MPS）	绿地调整模型 4（增大 PD）
峰值流量降低率/%	-16.0	10.2	35.5	40.9
径流总量降低率/%	-16.8	35.6	29.7	58.3
延迟产生流量时间/h	0.00	2.00	0.00	0.50
延迟达到峰值流量时间/h	0.00	0.00	0.00	0.00

（1）在绿地率不变的情况下，增大绿地连接度对降低峰值流量、降低径流总量、增加下渗量的作用明显。但是绿地调整模型 1 增大绿地斑块面积标准差对居住小区的雨洪管理能力产生了负面影响。以上模拟结果与采用片块式绿地布局的居住小区、采用围合式绿地布局的居住小区的对应结果相同，故认为在该模拟条件下采取增大绿地斑块面积标准差的方式不利于居住小区提高雨洪管理能力。在既有居住区海绵化改造中，若绿地率不变，应避免采用盲目地增大中心绿地面积的方案。在现有绿地规模、布局的基础上，建立居住小区的地表有组织排水系统、增加绿地间的连通路径是在绿地面积受限的条件下进行既有居住区海绵化改造的优选方案。

（2）在绿地率提高 10% 的情况下，增大平均斑块面积与增大绿地密度均可以起到降低峰值流量、降低径流总量、增加下渗量的作用。但是在该模拟条件下，增大绿地密度的绿地调整方式较增大平均斑块面积的绿地调整方式有更明显的雨洪调控效果，主要表现在峰值流量降低和径流总量降低两方面。

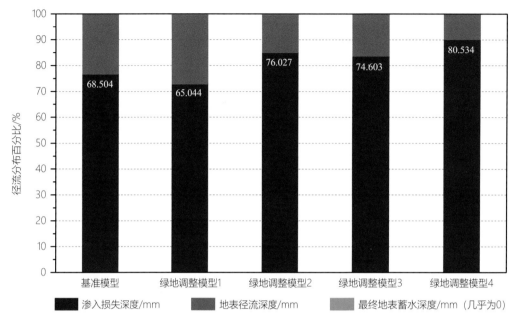

图 4-35　安华里各模型径流分布百分比
（注：图中数字表示渗入损失量）

（3）从各项降低率来看，提高雨洪管理能力效果最明显的方案是绿地率提高 10% 且增大绿地密度的方案。除此之外，若以提高峰值流量降低率为主要目标，采取绿地率提高 10% 且增大平均斑块面积的方案较好。在无法增加绿地的情况下，以提高径流总量降低率为主要目标，宜采取增大绿地连接度的方案。

4.3.4　对比分析与小结

在对采用 3 种绿地布局形式的居住小区的水文模拟结果进行比较后发现，若以降低径流总量为主要改造目标，在优先将雨水引导至绿地下渗再排入管网的基础上，采用 3 种绿地布局形式的居住小区均以提高绿地率且增大绿地密度的方式最优。分散、均匀地增加绿地有利于雨水的源头处理。若居住小区无法增大绿地面积，那么对采用 3 种绿地布局形式的居住小区而言，增大绿地连接度都是提高居住小区的雨洪管理能力的首选方案。

在本章的对比模型中，各类型的居住小区在绿地率提高 10% 的情况下，各模型提高雨洪管理能力的效果不同，如表 4-22 所示。采用片块式绿地布局的居住小区单位增加绿地面积渗入损失增加深度大于采用围合式与轴线式绿地布局的居住小区。其原因是采用片块式绿地布局的居住小区的基础绿地率较低。当居住小区绿地率较低时，提高绿地率能大幅度提高雨洪管理能力，促进雨水卜渗。当居住小区绿地率较高时，提高绿地率虽然同样能提高雨洪管理能力，但提高的幅度大大减小。

表 4-22　在绿地率提高 10% 的情况下，各模型单位增加绿地面积的渗入损失增加深度对比

指标	片块式绿地调整模型3	片块式绿地调整模型4	围合式绿地调整模型3	围合式绿地调整模型4	轴线式绿地调整模型3	轴线式绿地调整模型4
单位增加绿地面积渗入损失增加深度 /(mm/hm²)	29.17	33.75	6.31	15.11	4.41	8.70

从峰值持续时间来看，采用轴线式绿地布局的居住小区的雨洪管理效果最明显。在 2 年一遇的设计暴雨强度下，采用片块式绿地布局的居住小区的峰值持续时间约为 0.5 h，采用轴线式绿地布局的居住小区的峰值持续时间约为 0.75 h，采用轴线式绿地布局的居住小区在达到峰值流量后流量能够迅速降低。

总之，通过对采用 3 种绿地布局形式的居住小区进行横向与纵向对比，可得到结论：对既有居住区进行雨洪管理改造时，首先应将雨水径流引导至绿地下渗再排入市政管网中；在居住区内可以增加绿地的情况下，应首选可以增加分散绿地的方式，增大绿地密度，促进雨水的分散源头处理；在居住区内无法增加绿地的情况下，应选择增大绿地连接度的方式，将居住区绿地的雨水径流连通，以增加绿地的下渗量。

4.4　既有居住区海绵化改造的规划策略和方法

4.4.1　既有居住区海绵化改造的要则和路径

1. 改造要则

根据 4.3 的模拟分析计算结果可知，在居住小区绿地率较低的情况下，应将增加分散绿地作为海绵化改造的主要方式。若受现状情况影响，无法增加绿地，则应强调绿地间的连接，以引导径流、集中调蓄为主要手段。在绿地率增加 10%、绿地连接度不变的情况下，增大绿地密度对雨洪管理能力的正向影响比增大平均斑块面积更显著。这是因为以绿地密度增大为表征的居住小区中分散绿地的增加能够使绿地分布更均匀，利于扩大源头化管理的覆盖范围。由此可见，"连接、补充、分散、均匀"是既有居住区海绵化改造的核心要则，如图 4-36、图 4-37 所示。

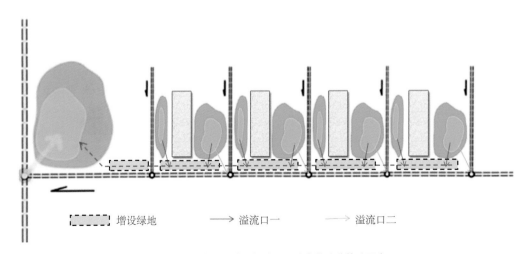

图 4-36　以分散下渗、源头处理为主的改造策略示意

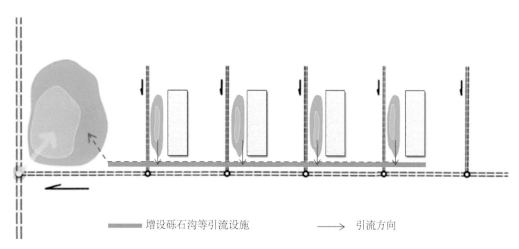

━━━━ 增设砾石沟等引流设施 ⟶ 引流方向

图 4-37 以引导径流、集中调蓄为主的改造策略示意

连接：无论居住小区的绿地率高还是低，均应注重增大居住小区内具有雨洪管理能力的绿地、其他设施的连接度，并尽可能地让这种连接与景观小品、景观竖向设计衔接，这是对场地影响最小且非常有效的海绵化改造方式。

补充：鉴于增大绿地密度对提升雨洪管理能力的显著性，应充分利用居住小区内闲置的规模不大的空地。既有居住区普遍存在停车难的问题，占用大面积的空地进行雨洪管理是低效且不适宜的。

分散：为实现源头化管理，应根据居住小区的产流情况分散设置具有雨洪管理能力的绿地。

均匀：既有居住区海绵化改造不追求以增大集中绿地面积为目标的拆改，应强调充分利用分布均匀的绿地实现源头化管理。

2. 改造路径

（1）寻找闲置或废弃的空间。调研发现，既有居住区特别是建成年代较早的居住小区多存在因闲置而堆放垃圾、旧物的空间，应对这部分空间进行统计、分析，综合小区其他方面的功能需求，判断是否可以将其改造为用于雨洪管理的绿地。

（2）合理规划地表有组织汇流路径。应在充分了解居住小区的竖向空间、市政管网分布、绿地布局的前提下，合理规划地表有组织汇流路径。该路径的规划首先应以建立绿地与各产流区间的连接关系为原则，尽可能地将雨水径流优先导入绿地。其次在兼顾居住小区的使用功能和居民需求的同时，尽可能延长汇流路径，降低地表雨水径流的汇集速度、延迟雨水径流达到峰值流量的时间，缓解市政管网的排水压力。另外，为超过设计流量的雨

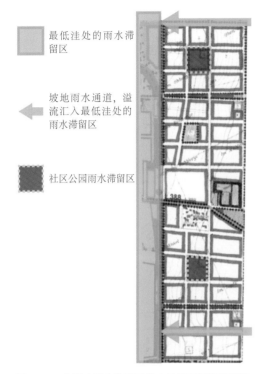

最低洼处的雨水滞留区

坡地雨水通道，溢流汇入最低洼处的雨水滞留区

社区公园雨水滞留区

图 4-38　德国康斯伯格城区的 3 层级雨洪管理系统
（来源：孙静.德国汉诺威康斯柏格城区一期工程雨洪利用与生态设计 [J].城市环境设计，2007（3）：93-96）

水径流设置溢流通道。例如德国康斯伯格城区通过相互联系的雨洪管理设施引导雨水径流，采用源头管理与局部滞留的模式，形成由雨水渗滤沟、坡地雨水通道、雨水滞留区、调蓄湖和排水渠 5 部分组成的相互联系的 3 层级雨洪管理系统，如图 4-38 所示。在此系统中，雨水径流首先进入道路两侧的雨水渗滤沟中，经滞留、净化后下渗；当降水量较大时，雨水从渗滤沟中经坡地雨水通道溢流至下一级别的雨水滞留区滞蓄、渗透。

（3）断接处理。以地表有组织汇流路径为依据，切断建筑屋面雨落管下缘与道路、市政管网之间的联系，切断道路雨水径流与市政管网之间的连接，重新建立雨落管下缘、道路与地表有组织汇流路径间的联系。

（4）布设低影响开发设施。以地表有组织汇流路径为依据，划分居住小区内的汇水分区，明确各汇水分区内的绿

地规模，评估计算绿地自身调蓄能力与所需管控的雨水径流之间的差值。对绿地调蓄能力不足的汇水分区，考虑采取低影响开发措施。这样可以有效避免"到处挖坑"现象的出现，在海绵化改造中兼顾雨洪管理目标与既有居住区的功能定位、居民需求。

4.4.2　既有居住区海绵化改造的 LID 设施布局建议

既有居住区中 LID 设施的布局应遵循居住区现状的绿地布局结构，以充分发挥 LID 设施的雨洪管理能力。

1. 采用片块式绿地布局的居住区中 LID 设施的布局

采用片块式绿地布局的居住区中的建筑以行列形式排布，绿地分布均匀，具有格网式道路结构。这种布局方式使得区内绿地的连接性较差。在采用片块式绿地布局的居住区中，若宅旁绿地宽度较大，绿地率较高，应以在绿地中布设点状源头化 LID 设施为主要方式，

注意 LID 设施分布的均匀性；若居住区绿地率较低，应在满足道路通行要求的前提下，利用道路空间布设线性 LID 设施，以减小径流汇集速度为主要雨洪管理目标。必要时，可通过增加地下雨水储存设备提高居住区的雨洪调蓄能力。采用片块式绿地布局的居住区对应的 LID 设施布局如图 4-39 所示。

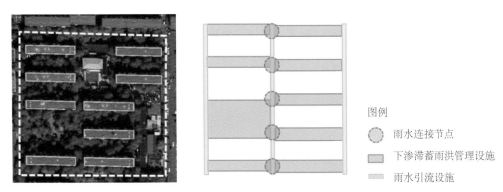

图 4-39　采用片块式绿地布局的居住区对应的 LID 设施布局

2. 采用围合式绿地布局的居住区中 LID 设施的布局

采用围合式绿地布局的居住区对应的 LID 设施布局如图 4-40 所示。采用围合式绿地布局的居住区中的建筑沿基地外围布置，围合形成集中绿地或广场等中心式公共活动空间。有的采用围合式绿地布局的居住区内还存在多个具有围合特性的小组团，形成中心式公共活动空间为主空间、小组团中的组团绿地为次空间的布局模式。在采用围合式绿地布局的居住区中，若宅旁绿地宽度较大，或其中多处分布有组团绿地，则应以源头、分散、均匀地布设 LID 设施为主要方式，尽量避免居住区内各汇水分区面积的差异化；若居住区内宅

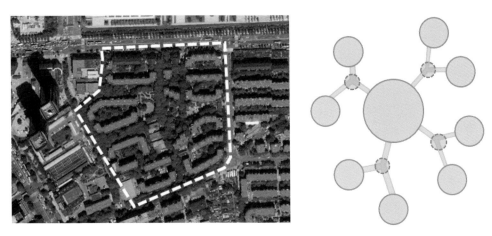

图 4-40　采用围合式绿地布局的居住区对应的 LID 设施布局
（注：图例同图 4-39）

旁绿地改造受限或施工难度较大，则应充分利用现状绿地布局连接性的特点，构建点线连接的多层级雨洪管理系统，增强绿地间的协同管理能力。

3. 采用轴线式绿地布局的居住区中 LID 设施的布局

采用轴线式绿地布局的居住区的中心景观轴贯穿居住区的大部分空间，在居住区中形成具有一定节奏和韵律的空间序列。在该布局中，地表有组织汇流路径的规划应充分发挥景观轴（往往包含广场、绿地、水景）的空间串联功能，通过竖向调整和 LID 设施的加入，尽可能加强组团绿地、宅旁绿地与景观轴间的联系，建立径流通路，促进绿地协同作用的充分发挥。这种改造对有大面积地下停车库的采用轴线式绿地布局的居住区具有极强的适用性。为防止径流下渗对车库顶板可能造成的损害，宅旁绿地建议仅做滞蓄处理，尽量避免下渗，而将多余的径流经砾石沟、植草沟等输送至中心绿地。在中心绿地下的一定范围内的车库顶板上设置储水罐或引入防护虹吸排水收集系统等，应兼顾雨洪管理功能与经济成本。采用轴线式绿地布局的居住区对应的 LID 设施布局如图 4-41 所示。

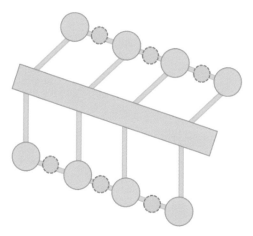

图 4-41　采用轴线式绿地布局的居住区对应的 LID 设施布局
（注：图例同图 4-39）

第5章 既有居住区海绵化改造的景观设计途径

5.1 海绵设施选型

5.1.1 调蓄设施

常用的调蓄设施包括雨水花园、雨水湿地、湿塘和蓄水模块等，其中雨水花园作为一种城区小型绿色基础设施，是目前国际上广泛应用的调蓄设施之一。雨水花园是一种与自然景观建设相结合的暴雨径流控制与污染治理设施，具有消减城市雨水径流、净化雨水水质、引导雨水下渗等作用，常被用于住宅区、商业区和道路两侧等不同地点的雨水处理。雨水花园是自然的或人工挖掘的下凹绿地，用来收集雨水，把雨水储存起来。通过雨水花园中的植物和沙石过滤层，雨水得到净化，缓慢地渗入土壤，涵养地下水水源，或进行中水利用，实现补给景观绿化用水、厕所用水等目标。各种调蓄设施的特点如表 5-1 所示。

表 5-1　各种调蓄设施的特点

设施名称	功能	适用区域	禁用区域	优点	缺点
雨水花园	蓄水、净水	居住区各个区域	—	适用范围广，景观效益好，建设成本低	—
雨水湿地		城市绿地、滨水区域		径流和污染控制效果好	建设费用高，占地大
湿塘					
蓄水模块	蓄水	无自然蓄水的居住区	地下水位较浅的区域	蓄水量大，不占地	造价高

雨水花园大致分为两类。一类是以降低雨洪流量为目的的，该类雨水花园主要起到滞留雨水和引导雨水下渗的作用，结构相对简单，一般用在环境较好、污染较轻的区域，如居住区；另一类则是以减少径流污染为目的的，该类雨水花园不仅滞留雨水与引导雨水下渗，同时也起到净化水质的作用，常用于环境污染相对严重的地方。

雨水花园一般包含蓄水层、覆盖层、种植土壤层和砾石层 4 部分。最表层是植物层，也称蓄水层。表层植物可通过光合作用吸收并利用氮、磷等物质，植物根系对污染物质（特别是重金属）具有拦截和吸附作用。蓄水层滞留雨水，沉淀、去除部分污染物，能在短时间内为收集的暴雨径流提供滞留空间，发挥雨洪调蓄作用。将根系发达、茎叶繁茂、净化能力强的植物种植在蓄水层，可降低洪峰流量、减少雨水排放、净化水源。覆盖层主要是为了减小雨水径流对雨水花园的侵蚀，保持较高的渗透率，同时作为微生物的良好生长环境，促进有机物的降解。种植土壤层为植物提供所需的水分和营养物质，通过过滤、根系吸附、土壤吸附、微生物作用等净化水体。砾石层的砾石粒径一般为 $1 \sim 2 \, cm$。砾石层厚度一般为 $20 \sim 30 \, cm$，主要作用是收集下渗的雨水。该层可埋设集水管用于排水。

与别的 LID 设施相比较，雨水花园属于较大、较完整的系统，在设计时应注重形式感和竖向设计，可通过植物搭配增强层次的丰富性。例如，清华大学的胜因院将雨水花园置于视觉焦点处，突出其景观价值，在景观轴线序列上突出 3 个节点——入口、沙雕广场、下沉花园，该雨水花园在高差上的对比使人更有空间体验感。

5.1.2 输送设施

在雨洪管理设施中，常见的输送设施包括植草沟、旱溪和植被缓冲带等。植草沟因成本较低、具有景观价值、适用于建筑道路旁等特点，是居住区海绵化改造中较常用的输送设施。

植草沟又称植被浅沟、浅草沟、生物沟等，是一种下凹的、开放式的通道，是通过种植植被来处理地表径流的设施。在居住区中，植草沟可以进行雨水收集和输送，实现沉淀污染物、滞留渗透径流、补充地下水的目标。植草沟设计在建筑物、道路等旁边时，应考虑植物高度与周围背景的协调性，达到美观、舒适的效果。

植草沟从上到下通常有植物层、护根层、土壤层、土工布层和碎石垫层；构造除了传统的三角形剖面，还有圆弧形、梯形剖面；整体造型是下凹的，边坡坡度不大于 1:3。除了输送型植草沟外，还有渗透型干湿两式植草沟，它们的结构大体一致。输送型植草沟对雨水径流进行预处理并输送，是一种成本低、易于维护的雨水收集设施，被广泛应用于高速公路两侧。湿式植草沟由于长时间积水，容易滋生蚊虫，不适用于城市内部。干式植草沟沟底的土壤过滤层透水性较好，同时在沟渠底部设管道用于输水，大大提高了渗透、输送、滞留和净化能力。干式植草沟功能相对完善，因此在城市中有更好的应用前景和更高的应用价值。

在居住区中设置植草沟对减少雨水径流有着明显的作用，可降低径流流速，保持水土，还可以滞留雨水，有效地减轻污染。植草沟较一般的雨洪管理设施所花费的费用低，且表面仅有一层绿色草皮，管理相对方便。具有观赏价值的植草沟还可进行雨水的输送，比起传统的雨水管道更具生态性。降雨量较小时，植草沟主要以土壤渗透的方式来补充地下水；降雨量较大时，植草沟主要起到输送雨水的作用。通过土壤、砾石等的过滤作用，植草沟可以去除大部分固体悬浮颗粒和无机物，同时植物的根系可以吸附雨水中的金属离子等污染物。与景观结合的植草沟由土壤、置石、植物、构筑物等组成，可增强美观性。

植草沟的适用区域较广泛，形式灵活多变，可根据布设场地的不同进行调整，以下列3种情形为例。

1. 道路旁

在居住区车行道和人行道一侧布设植草沟可增强道路的导向性和景观的节奏感，植草沟还可和周围的绿地相融合。

2. 宅旁绿地

宅旁绿地更接近居民，具有通达性和实用性。一般植草沟宽 $0.5 \sim 1\,m$，跨步不太舒适，可在某些人流量较大的地方设计耐践踏的草坪或平台、汀步等。

3. 公共绿地

在面积允许的条件下，公共绿地的形式可相对复杂，还可设计成旱溪的形式，下雨时、不下雨时都有景可观，景观的构成元素更加丰富。

各种输送设施的特点如表 5-2 所示。

表 5-2　各种输送设施的特点

设施名称	功能	适用区域	禁用区域	优点	缺点
植草沟	输送、滞留	道路、广场、停车场周边	—	建设成本低，输送效果好	下渗能力差
旱溪	输送、调蓄	退线范围较广的绿地		调蓄、输送效果好	易受地形限制
植被缓冲带	输送	河流、湖泊护岸		建设费用低	截污能力有限

5.1.3　渗滤设施

常见的渗滤设施包括透水铺装、绿色屋顶、渗井、渗管（渠）、生物滞留设施和渗塘等。居住区雨洪管理主要通过透水铺装满足渗滤需求。透水铺装有许多与外部空气相连通的孔形骨架，可以使雨水透过空隙渗透到铺装内部。在满足渗滤需求的同时，透水铺装也必须满足交通使用的耐久性和强度要求。透水铺装常见的路面结构自上而下可分为透水面层、透水找平层、透水基层、透水底基层、土基 5 个部分。

透水面层直接承受道路载荷并直接接触雨水，因此要求其在具有一定透水特性的基础上，还要具有坚实和平整的特征。透水基层的顶部需要设置透水找平层，找平层通过过滤较大的污染物来防止基层堵塞，也可以使面层的结构受力均匀。透水铺装的重点在于透水基层的铺设，其是减少地表径流的关键。透水基层要求具有较大的孔隙率，也要承受车辆载荷。透水底基层位于透水基层和土基中间，用于避免过多雨水渗入，对土基结构造成破坏。土基位于透水铺装的最底层，如果土基的透水性不强导致积水，其在路面负荷的情况下易受到破坏。因此，土基的透水性直接影响透水铺装，所以施工工艺应根据土基的类型进行选择。

透水铺装分为两种，一种本身具有透水性，另一种在形式上具有透水性。透水面层的种类和应用如表 5-3 所示。

现在，我国的居住区人行道使用的透水铺装以透水砖为主，透水地面由于渗透蒸发能力强，在雨天时可以使雨水渗透到土壤层，防止路面产生径流，减轻市政排水系统的压力；天晴时，雨水的蒸发作用可以降温，改善路面上方的微气候，对缓解城市热岛效应有明显的作用。当透水铺装不能大面积使用时，应与不透水铺装组合，如上海陆家嘴路面改造时采用点、线、面穿插设计，体现平面组合美，这对居住区广场同样适用。

各种渗滤设施的特点如表 5-4 所示，各种透水铺装的适用区域如表 5-5 所示，居住区常用地面铺装的特点与适用区域如表 5-6 所示。

海绵化改造应综合考虑单项雨洪管理设施的占地规模、构造特点等因素和既有居住区的改造限制因素筛选出适应性较强的设施。适合应用于既有居住区海绵化改造的雨洪管理设施有透水铺装、生态树池、雨水收集桶、卵石沟、渗管（渠）、植草沟、雨水花园、植被缓冲带等。

低影响开发设施的布置应依据区域的自然地形、水文环境特征，考虑建筑密度、土地利用布局等条件，根据年径流总量的控制目标，结合低影响开发设施的主要功能、适用性、经济性、景观效果等因素，综合选择系统效益最优的低影响开发设施组合。

在调蓄设施中，适宜居住区使用的有湿塘、雨水湿地、雨水罐、雨水花园等，它们均具有集蓄利用雨水的作用。但由于这些设施的建造和维护费用偏高，考虑到低影响开发设施的整体经济性，应优先考虑布置小型雨水花园作为调蓄设施。

在输送设施中，输送型植草沟、干式植草沟、湿式植草沟均体现出居住区适应性，但只有干式植草沟对径流总量有较高的控制水平，同时建造和维护费用较低且具有良好的景观效果，因此应优先考虑干式植草沟。

表 5-3 透水面层的种类和应用

种类	特点	应用方法	外观
荷兰砖	透气、透水、强度高、耐磨、防滑、抗折、抗冻融、美观、价格经济、块形较小	有矩形、方形、六边形、扇形、鱼鳞形等多种形状，拼铺方式也多种多样	
舒布洛克砖	由荷兰砖改进发展而来，耐久、耐磨、耐腐蚀、抗压强度很高	顺砖型和花篮型铺法	
多孔陶粒混凝土透水砖	强度高、防火性能好、耐风化	人行道人字铺、工字铺	
陶瓷透水砖	有超强的防滑性、高耐磨、强度高、耐风化	可铺设于人行道、步行街、露天停车场、公共广场、房舍庭院等	
劈裂砖	强度高、粘接牢、色泽柔和、耐冲洗而不褪色、耐酸碱、耐腐蚀	做地面和墙面铺设都可	
砂基透水砖	通过破坏水的表面张力来透水，表面制造得非常致密，像镜面一样，因此不容易被灰尘堵死，具有长时效的透水性	人行道人字铺、工字铺	

表 5-4 各种渗滤设施的特点

设施名称	功能	适用区域	禁用区域	优点	缺点
透水铺装	下渗	广场、步行道、停车场	污染严重、有坍塌危险的区域	适用区域广，施工方便	易堵塞，在寒冷地区有被冻融破坏的风险
绿色屋顶	下渗、滞水、净水	防水好、载荷大的屋顶	载荷小、防水差的屋顶	对污染控制力好	造价高，难管理
渗井	下渗	小面积空间		造价低，占地小	下渗能力有限
渗管（渠）	下渗	地下	污染严重、有坍塌危险的区域	占地小，导流快速	造价高
生物滞留设施	下渗、滞水、净水	建筑、道路周边		适用范围广，景观效益好	—
渗塘	下渗、滞水	空间范围大的区域		下渗能力强，造价低	占地大

表 5-5 各种透水铺装的适用区域

种类	特点	适用区域
实心砖	砖与砖留出空隙，空隙中可以长出草来	居住区小空间
毛石	平毛石由乱毛石略经加工而成，形状较整齐，表面粗糙	广场
	乱毛石形状不规则，常用作混凝土的骨料	
料石	六面体石块，边角整齐，相互合缝	
碎石	粒径大于5 mm的颗粒状石材	人行道（搭配其他铺装形式）
卵石	嵌砌路面铺成小路，不仅干爽、稳固、坚实，而且可为植物提供最理想的掩映效果	小径、雨水花园
砾石	被水淋湿也不会太滑，边沿需要其他材料加以控制	水景旁、植草沟
沙砾	耐踩性强、舒适、平整，和别的铺装搭配	人行道
石渣	具有多种颜色和装饰效果	停车场、树池

表 5-6　居住区常用地面铺装的特点与适用区域

种类	特点	适用区域
透水砖	维修容易，色彩样式丰富，地面整体有一定的透水性	人行道、休憩场所
水泥路	弹性差，铺装容易，色彩单一，透水性差	人行道、车行道
植草砖	不利于行走，整体透水性好	停车位
天然石材	成本高，透水性差，光滑，耐磨	广场、人行道
塑胶、橡胶	弹性好，不易清洗，成本高，耐久	游憩场地、儿童活动场地

在渗滤设施中，透水铺装体现出居住区的适应性，对径流总量也体现出较高的控制水平，同时建造、维护费用普遍不高，因此具有经济优势。

总体而言，通过以上对各单项低影响开发设施的综合分析，可依据径流总量控制目标、改造场地的实际水资源特点、环境效益和经济效益需求选择适宜的低影响开发设施组合。

5.2 既有居住区海绵化改造技术模式分析

　　既有居住区海绵化改造技术模式应根据控制目标、场地条件和技术措施特点，经过技术经济比较分析后综合考虑确定。

　　在布设的难易程度方面，下凹绿地、高位花坛、透水铺装、雨水罐等相对容易，调蓄池、绿色屋顶、雨水塘、雨水湿地等受场地条件限制，尤其是一些大型调蓄设施往往还涉及用地性质变更，一般布设难度较大。在雨水径流控制方面，调蓄池、雨水塘、雨水湿地、雨水罐、下凹绿地等的效果较好，高位花坛、透水铺装、绿色屋顶等的效果较差。在投资费用方面，调蓄池、雨水塘、雨水湿地、透水铺装、雨水罐、绿色屋顶等的单位面积投资较高，下凹绿地、高位花坛等的投资较低。

　　综上所述，既有居住区海绵化改造优先选择的设施的次序为下凹绿地、高位花坛、透水铺装、雨水罐、雨水塘、雨水湿地、景观水体、调蓄池等，并根据场地下垫面条件和控制目标进行技术措施的优化。随着既有居住区绿化率的降低和年径流总量控制目标的提高，海绵化改造优选模式逐渐由下凹绿地的单一模式过渡为下凹绿地＋透水铺装＋调蓄设施（雨水桶、调蓄池）的组合模式。

　　既有居住区的雨水径流过程如图 5-1 所示。在降雨过程中，屋面、道路、绿地均产生雨水径流。在建筑紧邻绿地时，屋面径流汇集后可以通过雨落管排向绿地；在建筑不紧邻绿地的情况下，屋面径流将直接排向道路；另有部分情况，屋面径流可通过雨落管直接排入市政管网。

　　道路径流是居住区径流的主要部分，大部分既有居住区的道路径流直接排入市政管网和水域空间，并不参与绿地的渗蓄过程。绿地在降雨强度大时产生雨水径流，无法下渗进而被吸收的雨水径流通过绿地上的配套工程设施排入市政管网和水域空间。

　　在既有居住区雨洪管理改造理论下，一方面可通过合理地设置多种生态设施增加雨水渗蓄过程，通过雨水通道断接控制径流，整体减少综合径流，减小市政管网系统的排水压力；另一方面可通过多种生态设施对雨水进行下渗、净化、储存，最后使雨水排入市政管网或河湖水域，实现生态管控。既有居住区雨洪管理改造理论下的径流通道分析如图 5-2 所示。

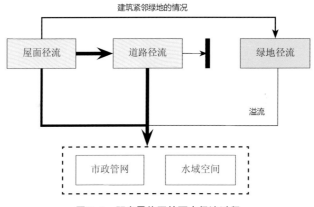

图 5-1　既有居住区的雨水径流过程

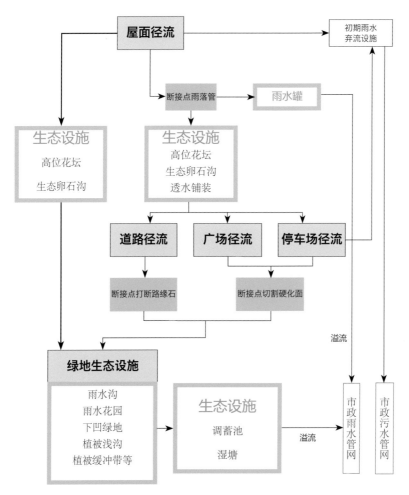

图 5-2　既有居住区雨洪管理改造理论下的径流通道分析

5.3 既有居住区建筑雨水径流的海绵设施设计

5.3.1 既有居住区建筑雨落管排水方式现状

本研究所调查的 15 个既有居住区的雨落管均采用外排水方式，具体分为表 5-7 所示的几种类型。

表 5-7 雨落管排水方式分类

雨落管排水方式	实景图
在居民楼无一层加建的情况下，雨落管雨水直排路面	

雨落管排水方式	实景图
在居民楼无一层加建的情况下，雨落管雨水直排绿地	
在居民楼存在一层加建的情况下，雨落管雨水直排路面	
在居民楼存在一层加建的情况下，雨落管雨水直排绿地	

雨落管排水方式	实景图
在居民楼存在一层加建的情况下，雨水通过雨落管从加建一楼楼顶倾泻	
雨落管雨水直排居住区水面	
雨落管雨水直排地下排水管道	
雨水通过雨落管从楼门洞顶倾泻	

（1）在居民楼无一层加建的情况下，雨落管雨水直排路面。这种排水方式导致屋顶收集到的雨水直接成为地表径流，会增大排水压力，加剧居住区内涝现象。

（2）在居民楼无一层加建的情况下，雨落管雨水直排绿地。这种排水方式可以在一定程度上减少地表径流，发挥绿地吸收下渗雨水的作用。但目前的居住区绿地并不具有收集、过滤、吸收下渗雨水的功能。

（3）在居民楼存在一层加建的情况下，雨落管雨水直排路面。这种排水方式导致屋顶收集到的雨水直接成为地表径流，会增大排水压力，加剧居住区内涝现象。同时，在居民楼存在一层加建的情况下，海绵化改造范围受到局限，改造难度加大。

（4）在居民楼存在一层加建的情况下，雨落管雨水直排绿地。这种排水方式可以在一定程度上减少地表径流，发挥绿地吸收下渗雨水的作用。但目前的居住区绿地并不具有收集、过滤、吸收下渗雨水的功能。同时，在居民楼存在一层加建的情况下，海绵化改造范围受到局限，改造难度加大。

（5）在居民楼存在一层加建的情况下，雨水通过雨落管从加建一楼楼顶倾泻。这种排水方式导致屋顶收集到的雨水直接成为地表径流，会增大排水压力，加剧居住区内涝现象。而且直接倾泻的排水方式使得雨水更加无法集中收集利用，改造难度较大。

（6）雨落管雨水直排居住区水面。这种排水方式将收集到的未经任何处理的雨水直接排放至居住区水面，虽然不会产生雨水径流，但会带来社区内水体污染等问题。

（7）雨落管雨水直排地下排水管道。这是较少见的排水方式。

（8）雨水通过雨落管从楼门洞顶倾泻。大部分小区在居民楼一层出入口位置设有楼门洞，但楼门洞顶收集到的雨水会通过雨落管直接从楼门洞顶倾泻，被排放至地面，雨水没有经过收集、处理、利用和吸收下渗，直接成为地表径流。

5.3.2 既有居住区建筑雨落管排水方式分析

建于 20 世纪 80 年代的小区，在居民楼无一层加建的情况下，排水方式以雨落管雨水直排路面为主；在存在一层加建的情况下，以雨水从一层加建棚顶倾泻为主，同时存在雨水从楼门洞顶倾泻的情况。居民楼因一层加建小院或棚，雨落管会沿棚顶布置，其底端高于地面 2 m，这种典型布置致使雨水冲击地面、影响雨天通行等。在由街坊向小区过渡的建设特点下，居民楼多以行列形式布置，布局紧凑，一层加建更加剧了居住区内用地紧张的状况。因此，在解决雨落管的排水问题时，首先需要考虑小区可用空间不足、建筑紧凑、海绵化改造空间非常有限的问题。依据雨水径流通道断接技术，应对雨落管底端进行改造，有以下两种处理方式。

（1）若雨落管与道路的距离很近，可以在距离地面 2 m 的雨落管末端连接雨水链，将雨水徐徐引入地面上设置的卵石凹槽，对雨水进行地面引导。

（2）延长雨落管，在其底端设高位花坛并搭配雨水渗渠等，将雨水就近引导至绿地。

建于 20 世纪 90 年代的小区的居民楼大部分无一层加建的情况，雨落管雨水多以直排路面的形式被排放至小区道路，导致小区内雨水径流增加。因此，改造应将雨水的收集、利用作为重点，改变雨落管排水方式。

若雨落管可直接接入绿地，应就近设置雨水花园或下凹绿地。

建于 21 世纪的小区的居民楼一层加建的情况显著减少，雨落管雨水以直排绿地为主，仅在少数情况下直排路面。

雨落管雨水直排路面是既有居住区共同面临的急需改造的重点问题。雨落管雨水直接排放至硬质地面，会导致地表雨水径流增加。建成年代较早的小区由于布局模式的关系，改造时限制因素较多，改造时可选取的措施也较少，改造目的以引导雨水排入城市雨水管网为主；建成年代较晚的小区因绿地率提高，可置换空间增多，改造时可以考虑滞留、渗流雨水，内部消纳雨水，甚至收集、利用雨水。

雨落管雨水直排绿地的情况很少出现在建成年代较早的居住区中，但自 20 世纪 90 年代开始，这种情况逐步增多，是 21 世纪主要的雨落管排水方式。通过对现状的调研发现，大多数居住区绿地仅有景观效果，在雨落管雨水直排绿地的情况下，存在大量绿地被雨水直接冲刷，导致土层裸露，绿地雨洪调蓄功能不佳的问题。

从楼门洞顶倾泻雨水是既有居住区存在的另一个典型问题，是需要改造的重点。从楼门洞顶直接倾泻雨水不仅给居民出行带来了不便，也对居住区雨洪管理造成了负面影响。考虑到居住区建成年代和改造成本的不同，建成年代较早的居住区应以雨水引流、排出场地为主要改造目的；建成年代较晚的居住区可以利用绿地消纳雨水，采取添加雨水链的措施将雨水引流至绿地。

很多建成年代较早的居住区都存在一层加建的情况，随着时代的变化，一层加建的情况逐渐减少，21 世纪建成的居住区已经不存在一层加建的情况。一层加建的情况大多数存在于建成年代较早的老旧小区中，其改造备受限制，可以参考无一层加建情况下的改造方法，也可以在改造设计中探讨绿色屋顶与垂直绿化等形式的可能性。

5.3.3 屋面雨水径流通道的断接与在地处理

雨水断接是通过切断屋面雨水或场地雨水直接进入市政雨水管道（渠）、合流管道（渠）

的径流路径，将径流合理地引导到绿地等透水区域或者低影响开发设施，通过渗透、调蓄、净化等方式控制径流的方法。

雨水断接设施是使雨水从传统消极空间或灰色基础设施进入绿地系统的生态化雨水设施或多功能景观水体等雨水控制利用设施。屋面雨水径流通道的断接主要指雨落管的断接，通过改变屋面雨水径流的路径将其引入建筑物周边的透水区域或雨水收集设施（如雨水罐），可以有效地减少雨水径流。既有居住区的雨落管排水方式因建成年代而异。部分居住区建筑紧邻绿地，对雨落管断接改造的限制较小，改造时可以灵活应用雨水花园、雨水罐等多种调蓄设施。

屋面雨水径流在地处理主要指在屋面布设蓄水层、过滤层和土壤，在径流产生初期通过渗透、调蓄、净化等方式直接在屋面控制径流、减小洪峰流量的方法。居住区屋面雨水径流在地处理主要通过增设绿色屋顶达到降低径流量的目的。绿色屋顶的改造需要综合考虑造价、屋顶现状、施工难度等多个因素，在既有居住区的改造中增设绿色屋顶所受限制

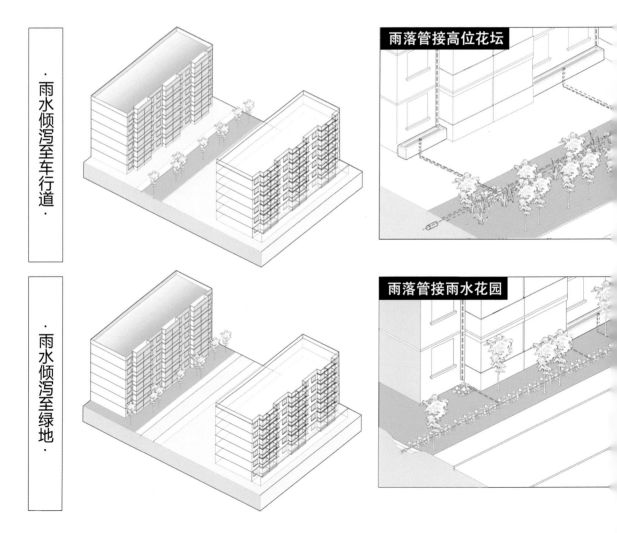

较多，因而并不广泛适用。在存在一层加建的情况下，居住区改造可以考虑应用绿色屋顶，将其作为调蓄、滞留雨水的设施，再将雨落管连接至绿地或排水管网。

综上所述，既有居住区的海绵化改造应依据雨洪管理设施的适地性选取合适的介入设施，增加雨水从硬质铺地流向市政雨水管网或邻近水体的流经介质元素；再通过分析关键介入点的切断、承接设施和策略，延长雨水的滞留时间，增加渗透与积蓄的水量。

5.3.4 建筑雨水径流改造设计

综合考虑雨水径流控制效果与改造成本，雨落管排水改造主要以铺设砾石沟，设置高位花坛、雨水罐、 绿色屋顶、雨水花园等设施为手段，具体模式如图 5-3 和图 5-4 所示。

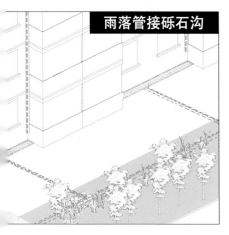
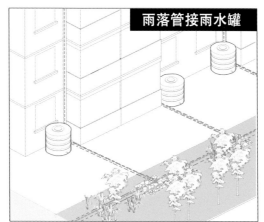
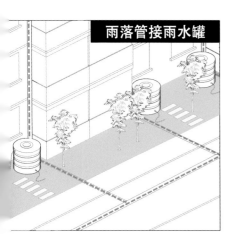

图 5-3　无一层加建的情况下的建筑雨水径流改造模式

·雨水倾泻至车行道·

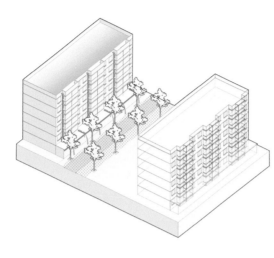

雨落管接高位花坛

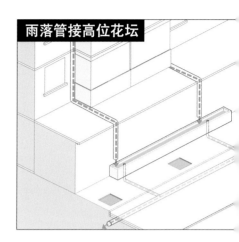

·雨水倾泻至绿地·

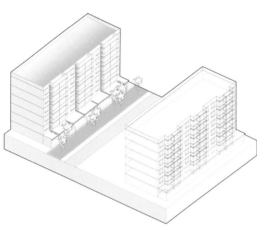

雨落管接雨水花园

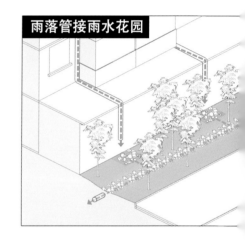

·雨水倾泻至人行道·

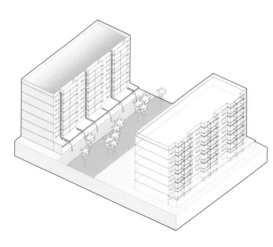

雨落管接砾石沟

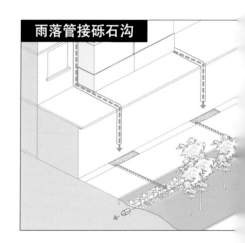

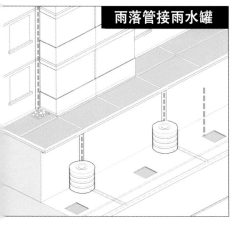

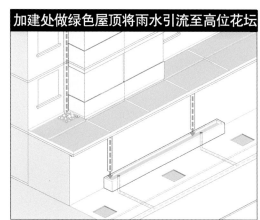

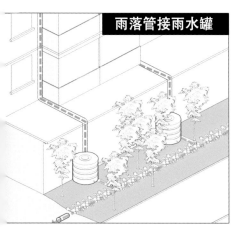

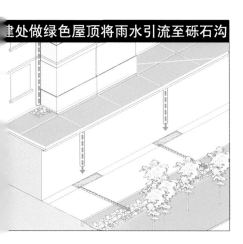

图 5-4　存在一层加建的情况下的建筑雨水径流改造模式

1. 在直排路面的情况下

在以滞留、下渗为主要改造目的时，海绵化改造可采取增设高位花坛的措施，使屋面径流通过雨落管流入高位花坛，减少部分道路径流，并在一定程度上以生态设施滞留雨水，使雨水最终汇入市政雨水管网。高位花坛在降低径流量、净化雨水的同时能提供良好的景观效果，如图 5-5 所示。

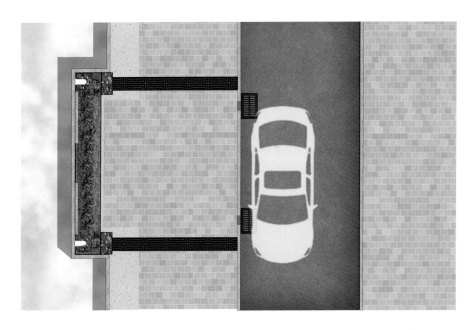

图 5-5　雨落管接高位花坛改造示意

　　在以导流为主要改造目的时，海绵化改造可采取雨落管断接砾石沟的措施，在防止雨水径流流失的同时，帮助不透水的硬质地面快速排水。在小区改造空间有限、改造资金有限的情况下，可以优先选择此种改造方法，如图 5-6 所示。

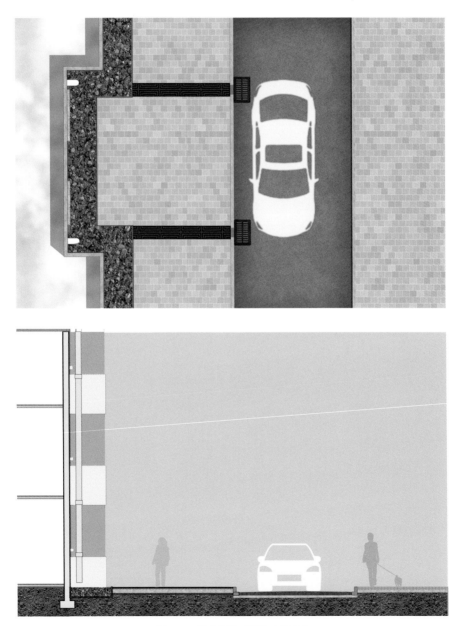

图 5-6　雨落管接砾石沟改造示意

在以集蓄雨水、利用雨水为主要改造目的时，海绵化改造可采取增加雨水罐的措施，将收集到的雨水用于花卉浇灌、蔬菜浇灌、绿化灌溉等，如图5-7所示。

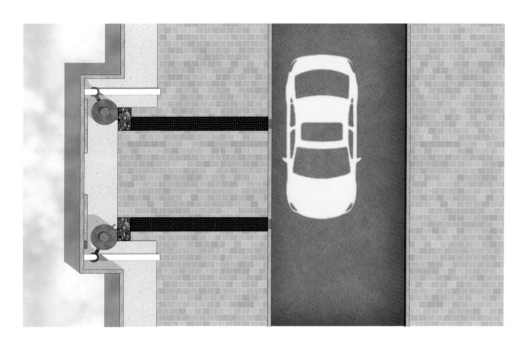

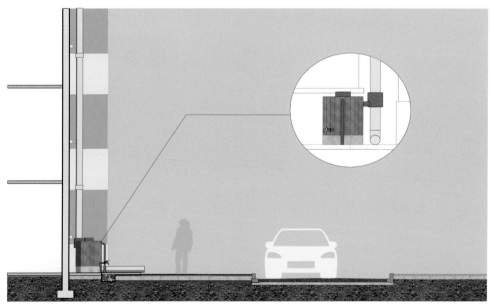

图5-7　雨落管接雨水罐改造示意

2. 在直排绿地的情况下

雨落管雨水直排绿地会导致雨水直接冲刷绿地，影响居住区绿地的景观功能。因此，在改造空间有限的情况下，海绵化改造可以选择增添高位花坛或砾石沟作为改造手段，将雨水缓慢地就近引流至绿地；在绿地改造条件适宜的情况下，也可以将绿地局部改造为雨水花园，进一步提升其调蓄能力，如图 5-8 所示。

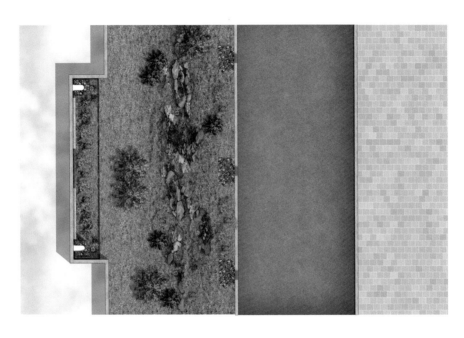

图 5-8 雨落管接高位花坛改造示意

此外，海绵化改造还可以添加雨水罐作为雨水滞留设施，减少雨水对绿地的直接冲刷，如图 5-9 所示。

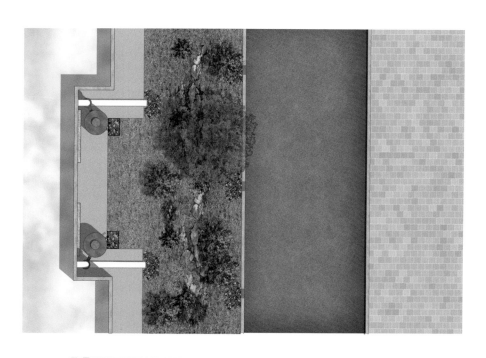

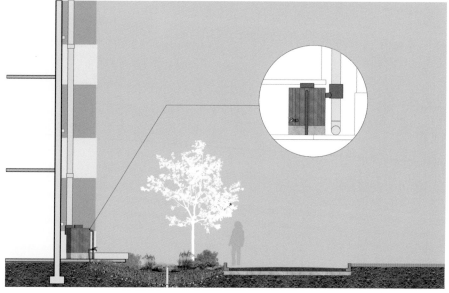

图 5-9　雨落管接雨水罐改造示意

建于 20 世纪 90 年代及以后的居住区由于可置换空间大，可以直接设置雨水花园；也可以在雨落管末端设置卵石凹槽，将雨水引流至绿地，再对绿地进行雨水花园或局部的下凹绿地的改造，如图 5-10 所示。

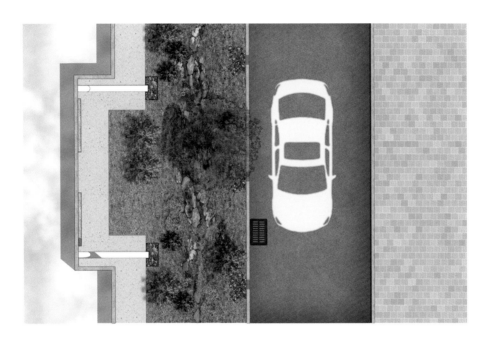

图 5-10　雨落管接雨水花园改造示意

3. 在存在一层加建的情况下

建成年代较早的小区因一层加建棚，存在雨落管雨水从棚顶倾泻的情况，应首先对雨落管进行断接改造。若建筑密度高，雨落管距离道路较近，则以增设高位花坛作为改造手段，如图 5-11 所示。

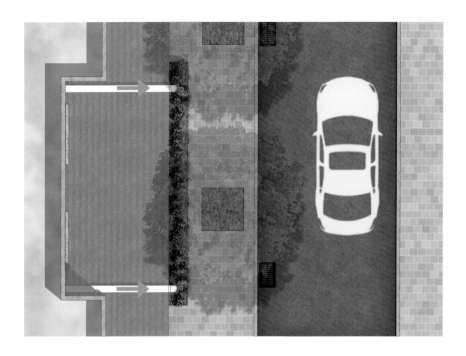

图 5-11　雨落管接高位花坛改造示意

在雨落管距离可导流绿地较远的情况下，应首先在雨落管底端增设砾石沟，对雨水进行地面引导，再通过地下雨水管道将雨水引流至公共绿地，如图 5-12 所示。

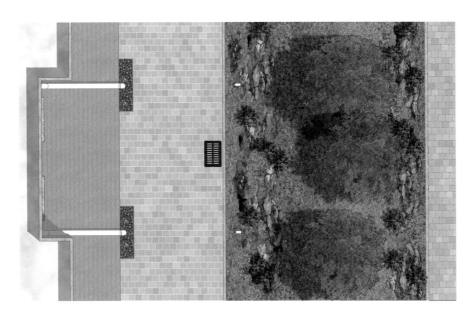

图 5-12　雨落管接砾石沟改造示意

在改造条件允许的情况下，其余改造手段与无一层加建的情况相同，可参考前文中直排路面和直排绿地的情况。

对雨水从楼门洞顶倾泻的情况，改造可以参考存在一层加建的情况。

5.4 既有居住区道路雨水径流的海绵设施设计

5.4.1 居住区道路与绿地的关系现状

通过对比建于不同年代的居住区的道路设计发现，建成时间越早，居住区道路与绿地脱离的程度越大。道路与绿地的布局分为 4 种，如表 5-8 所示。

（1）在绿地低于道路或与道路基本相平的情况下，绿地与道路之间有路缘石。这种情况在既有居住区中普遍存在。这种布局不受绿地率和建筑密度的限制。虽然绿地和道路之间没有显著的高差，但路缘石会阻碍道路雨水径流排向绿地。

（2）在绿地低于道路或与道路基本相平的情况下，绿地与道路之间无路缘石。这种布局为道路雨水径流提供了流向绿地的机会。

（3）在绿地高于道路的情况下，绿地与道路之间有路缘石。在多数情况下绿地的表现形式为高位花坛和花池，道路雨水径流无法直接排向绿地。这种布局源于 20 世纪 90 年代初期的居住区公共绿化和审美趋势。

（4）在绿地高于道路的情况下，绿地与道路之间无路缘石。在多数情况下为居住区内公共绿地的微地形导致的绿地略高于道路。虽然绿地与道路之间没有路缘石的阻碍，但由于地势的差异，绿地可能无法起到雨水收集与调蓄的作用。

建于 20 世纪 80 年代的小区绿地模式较简单，通常绿地与道路基本相平，且绿地与道路之间有路缘石。建于 20 世纪 90 年代的小区绿地模式较简单，通常绿地低于道路或与道路相平，大多数有路缘石。不过绿地高于道路的形式在建于 20 世纪 90 年代的小区内也比较普遍，绿地的主要表现形式是较高的、面积较大的花坛，整体有路缘石。在建于 21 世纪的小区中，通常绿地低于道路或与道路基本相平，有路缘石与无路缘石的情况均存在。而绿地高于道路的情况在建于 21 世纪的小区中占少数。

表 5-8　居住区道路与绿地的关系现状

道路与绿地的布局	实景图
在绿地低于道路或与道路基本相平的情况下，绿地与道路之间有路缘石	
在绿地低于道路或与道路基本相平的情况下，绿地与道路之间无路缘石	
在绿地高于道路的情况下，绿地与道路之间有路缘石	

道路与绿地的布局	实景图
在绿地高于道路的情况下，绿地与道路之间无路缘石	

5.4.2 既有居住区道路排水模式分析

建于 20 世纪 80 年代的小区布局紧凑，这带来的另一个问题是小区内道路多人车混流，停车场地位于道路两侧，没有专门规划的人行道、车行道、停车场。因此，居住区内硬质地面占比较高，雨水下渗困难，极易产生径流。

老旧小区的道路组织可分为以下 3 种主要情况。

（1）道路与绿地相邻。在高程上，大多数老旧小区均存在绿地高于道路的情况，另有部分小区存在绿地低于道路或与道路基本相平的情况，进一步细分，存在道路—绿地—道路（即路夹绿地）、绿地—道路—绿地（即绿地夹路）、道路单侧与绿地相接 3 种模式。综合考虑道路与绿地之间的布局和高程关系，道路绿地的模式可分为 6 种，如图 5-13 所示。依据雨洪管理改造理论，考虑土方量与施工难度，海绵化改造应采取在绿地低洼点设置下凹绿地等措施。

（2）道路与绿地相邻，并且衔接区域有铺设嵌草砖的停车空间等，但路缘石将绿地与道路的雨水通道隔断。在此情况下可采取最小干预措施——路缘石断接，例如建于 2000 年的梅江芳水园与香水园，如图 5-14 所示。

（3）道路与绿地不相邻，此情况主要出现在建于 20 世纪 80 年代的小区中。在实际中，铺装空间多数成了停车空间，因排水不畅，导致雨水在进入绿地之前在铺装上形成积水。海绵化改造可以根据基地条件、功能需求等合理置换铺面类型，调整竖向设置，实现有组织地排水。

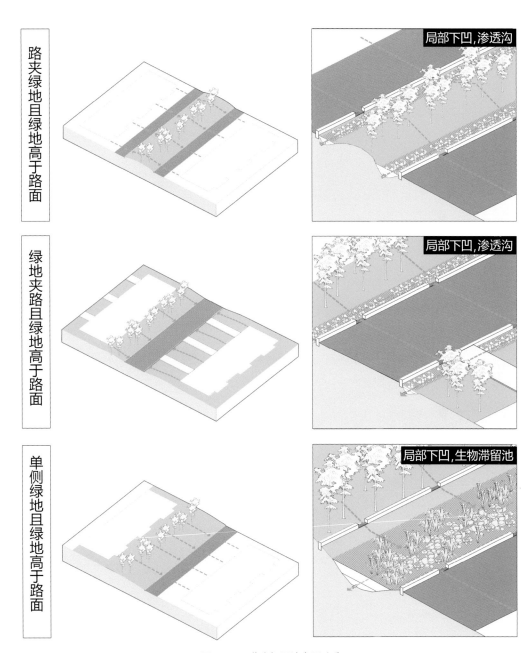

图 5-13 道路与绿地布局改造

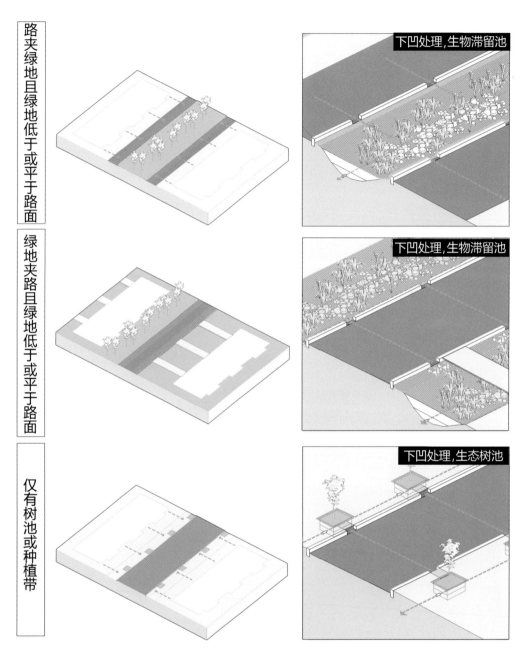

路夹绿地且绿地低于或平于路面

绿地夹路且绿地低于或平于路面

仅有树池或种植带

下凹处理,生物滞留池

下凹处理,生物滞留池

下凹处理,生态树池

图 5-13　道路与绿地布局改造（续）

图 5-14 香水园道路绿地模式实景

5.4.3 道路雨水径流断接与在地处理

建于 20 世纪 80 年代与 90 年代的传统小区在竖向上道路均低于绿地，加之道路的低透水率和严重的径流污染，道路积水成为小区的普遍问题。打通从道路到绿地的径流通道是有效改善道路积水状况的措施，成本较低且容易实施的措施是对路缘石进行切割打断，从而将道路雨水引导至绿地。

居住区主路是分割居住小区的道路，规范要求其红线宽度不小于 20 m。部分居住区道路两侧有较宽的道路绿化带，考虑断接技术，可以将道路绿化带设置成下凹形式，增强道路绿化带的蓄水、下渗能力，如建于 20 世纪 80 年代的体院北居住区，车行道两侧有总宽10 m 的人行道绿地。不过有的居住区道路绿化较少，有条件的地方可以增加道路绿化，限制较大的地方可以结合生态树池、透水铺装、生态渗沟等阻断雨水径流路径。

居住区道路雨水径流在地处理主要采取应用透水铺装的方法，将小区内道路换成透水铺装，使雨水直接下渗，减少道路径流。建成年代较早的小区布局紧凑，可改造的绿地空间不足，可以考虑在改造成本允许的情况下应用透水铺装，直接消纳雨水径流。道路系统分级的小区可以将透水铺装应用于小区内部步行道，车行道因考虑机动车载荷问题不建议应用透水铺装。

5.4.4 既有居住区道路雨水径流控制改造设计

1. 绿地低于道路或与道路基本相平的情况

在路夹绿地的模式下，海绵化改造采取增设局部下凹的生物滞留池的绿地改造方法，结合雨落管断接改造措施，将道路雨水径流通过高差引流到绿地，绿地也承担渗透、吸收雨落管雨水的功能，如图 5-15 所示。

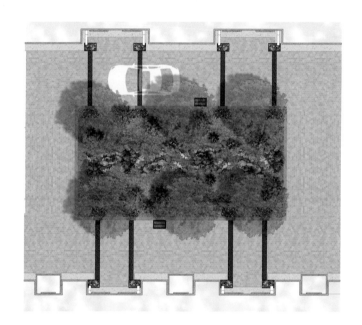

图 5-15 中央绿地生物滞留池改造示意

在居住区绿地有限的情况下，海绵化改造可采取在道路两侧设狭长的植草沟、渗沟的雨洪管理手段，引导雨水排向道路两侧，植草沟、渗沟同时承担吸收、下渗雨落管雨水的功能，如图 5-16 所示。

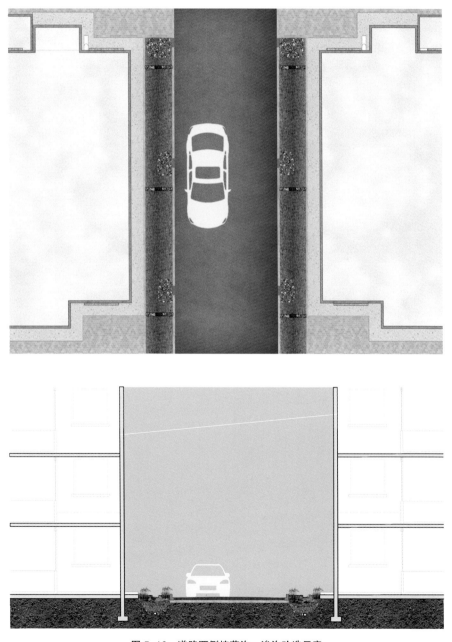

图 5-16　道路两侧植草沟、渗沟改造示意

对绿地率较高的居住区，在绿地夹路的模式下，海绵化改造可以结合植草沟与生物滞留池的设计，通过植草沟将道路雨水径流引流至绿地，再通过生物滞留池对雨水进行集蓄、滞留和下渗，如图 5-17 所示。

图 5-17　道路两侧植草沟、生物滞留池改造示意

2. 绿地高于道路的情况

在绿地高于道路且路夹绿地的模式下，海绵化改造可以通过简单地加设局部砾石沟、植草沟引导雨水径流，砾石沟、植草沟也承担将屋顶雨水径流引流至绿地进行滞留和下渗的功能，如图 5-18 所示。

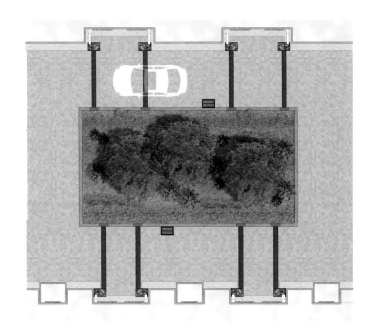

图 5-18　中央绿地砾石沟、植草沟改造示意

在绿地夹路且绿地高于道路的模式下，首先，海绵化改造需要在道路两侧增加渗沟和植草沟，吸收道路雨水径流；其次，在靠近居民楼一侧改造缓坡式的绿地边缘滞留池，连接雨落管下端的砾石沟，将屋顶雨水径流引流至绿地中消纳，如图 5-19 所示。

图 5-19　道路两侧渗沟、植草沟、缓坡式的绿地边缘滞留池改造示意

3. 生态树池的设计应用

对改造限制较大的居住区，海绵化改造可以采用生态树池作为雨洪调蓄设施，结合砾石沟和透水铺装阻断雨水径流路径，如图 5-20 所示。

图 5-20　生态树池改造示意

5.4.5　停车场雨水断接模式与改造设计

既有居住区的停车空间因布局形式不同直接影响雨洪管理设施的选用和改造的规模。地面停车空间的现状布局形式可以分为 3 种：无组织散点停车、有组织分散停车、有组织集中停车。

（1）无组织散点停车是建于 20 世纪 80 年代的小区的管理难点。居民车辆乱停乱放、侵占绿地等，因停车位均为后期规划或使用者自行划定，雨洪管理改造存在较大的限制，如无法对停车场地的雨水进行预处理。改造方法一般是在道路与绿地之间的硬质铺装上设置分散绿地、铺设透水铺装等。

（2）有组织分散停车是小区内没有集中停车场，但沿小区主要道路一侧预留停车位的停车空间布局形式。此情况普遍存在于建于 20 世纪 90 年代及以后的居住区，例如华苑居华里与梅江芳水园，小区内道路多为环形路，停车位与道路结合紧密。有组织分散停车空间的海绵化改造可采用分散式雨洪管理设施断接技术，利用沿街绿地或增设分散绿地阻断停车场雨水径流，将雨水就近引导至绿地，控制径流污染。

（3）有组织集中停车是小区具有一处或多处集中停车场的停车空间布局形式。这会导致产生大量的停车场雨水径流，在海绵化改造中除了选用嵌草砖等外，还可以结合绿化景观建设生态停车场。若停车场内有分散绿地，可为停车场划分汇水面，将雨水分散排入绿地；若停车场绿地空间较小，可将雨水集中引导至周边集中绿地空间的生物滞留池、下凹绿地等。

如 2018 年改造完成的上海新芦苑小区通过切割硬化路面、增加绿地建设海绵生态停车场，这个项目具有很高的示范价值与很好的示范意义。生态停车场改造示意如图 5-21 所示。

5.4.6　广场雨水断接模式与改造设计

既有居住区的广场一般设置在小区中心或主入口，规模小于城市广场。广场面积因居住区规模而定，建于 20 世纪 80 年代的居住区的广场尺度最小；建于 20 世纪 90 年代的居住区的入口广场绿化较少，中心广场大多数靠近大型绿地空间；建于 21 世纪的居住区的广场与建于 20 世纪 90 年代的居住区相似，但出现了广场位于地下车库之上的情况。

根据改造的基础条件，广场雨水断接情况可分为以下 3 种。

（1）广场无雨水井等排水设施且地下空间未被利用时，在严重积水的情况下，海绵化改造可以调整竖向布局，并结合透水铺装设计卵石渗渠，将雨水就近排入渗渠，再输送至边缘绿地空间。在内涝严重、地势低注的逢雨必涝区域，可以采用下沉广场进行错峰调蓄。

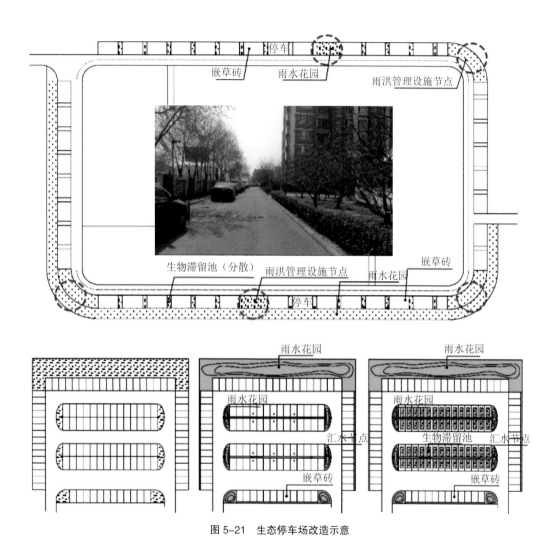

图 5-21　生态停车场改造示意

（2）广场无雨水井等排水设施且地下有停车空间时，因下垫面受地下建筑限制，海绵化改造可设置地面排水沟对雨水进行就近引导，或者条件允许的话，可在地下停车场顶部布置蓄水装置，连接地面的排水系统。如美国波特兰霍伊特居住区的公共庭院位于地下停车场的混凝土顶板上，径流无法下渗，设计人员便将雨落管末端与混凝土渠槽相连，经过跌水堰将雨水径流导流至地上与地下的储水空间。

（3）广场有雨水井等排水设施时，若周边雨水至广场的径流小，可以减少改造装置的布设甚至不进行改造；若周边雨水到广场的径流大，则应在雨水井周边增设雨水花园，在雨水井上铺设卵石，使广场径流先经过下渗再进入市政管道。

5.5 既有居住区绿地雨水径流的海绵设施设计

5.5.1 居住区绿地现状分析

通过对既有居住区的大量调研，本部分总结了建于不同年代的居住区的绿地现状和类型。

建于 20 世纪 80 年代的居住区绿地类型较简单，通常绿地与道路基本保持相平，且绿地与道路之间均有路缘石。所调研的小区都没有大规模的中心绿地和地下车库。建于这一年代的居住区的绿地碎片化严重，大多数属于楼前庭院绿地，绿地规模小。因此，如何有效地利用有限的绿地收集、滞留、处理、下渗雨水是建于这一年代的居住区海绵化改造的难点。

建于 20 世纪 90 年代的居住区绿地率有所提高，多数居民楼以小区绿化为中心布局，配套楼边绿地或花池，为雨洪管理提供了较充足的改造空间。小区的雨洪管理改造可以考虑灰色基础设施改造辅助绿色基础设施介入的模式。建于这一年代的居住区大部分配有中心绿地，为雨洪管理改造与设施布设提供了一定的空间，可以考虑在改造中实现小区绿地的雨洪管理设施与居住区中心绿地的协调，形成层级分明的雨洪管理系统。

建于 21 世纪的居住区因绿地率较高，多有中心绿地和水系景观，小区内部空间为布设独立的雨洪管理系统提供了良好的基础，可以使雨水经过收集、下渗、滞留、蓄存、净化、再利用成为补充居住区水景的水源，以形成完整、绿色、循环的雨洪管理系统。

居住区绿地所表现出的问题可以大体概括为以下 3 种。

（1）绿地与道路基本相平，多为宅旁绿地，在 LID 设施未介入的情况下，仅能收集绿地上方的少量雨水，周边地面的雨水无法流入绿地，在雨量较大时，仍会产生雨水径流，无法发挥绿地下渗和蓄水的功能。

（2）绿地高于道路，表现形式为高位花池和上凸绿地，这两种表现形式都具有较好的社区景观效果，高位花池在降雨时仅能吸收自身上方的少量雨水，上凸绿地在降雨时会使雨水随地势排出绿地，流至周边地面，不利于雨洪管理。

（3）下凹绿地，在雨洪管理方面能发挥较积极的作用，实际调研发现，建于 21 世纪的居住区少量采用了生态型下凹绿地的设计，但绝大多数居住区为追求景观效果，绿地的下凹并不明显。

5.5.2　组团绿地

居住小区组团绿地通常由道路和建筑围合而成，布局灵活多样，属于居住小区的公共空间。例如建于 20 世纪 80 年代的迎水西里的组团绿地位于住宅山墙之间，规模平均为 2 000 ㎡，采用灌木围合绿地的种植方式，此种植方式使得中心区域的植物在缺少维护的情况下长势差，往往只剩下边缘的整形灌木，因而海绵化改造需要结合选择的雨洪管理设施重新组织种植配置，避免裸土等情况的发生；建于 20 世纪 90 年代的居华里的组团绿地面积约为 7 000 ㎡，位于小区的构图中心；建于 21 世纪的芳水园引入水体景观，组团绿地呈带状沿湖布置，水体面积达 26 000 ㎡。

结合前文所述的绿地与道路和建筑的关系及其本身的可改造空间，总体来说，中心绿地可通过适当的竖向设计改造满足居住小区对规模较大的下凹绿地的需求，部分具有水景空间的居住小区可以在满足改造需求和符合改造预算的情况下改造水体空间形成雨水湿塘或湿地。组团绿地雨洪管理设施选型如表 5-9 所示。

表 5-9　组团绿地雨洪管理设施选型

居住小区	中心绿地示意	限制因素与问题	雨洪管理设施选型	汇水区域
迎水西里		绿地规模小；绿化植物杂乱；硬质空间积水严重	雨水花园、渗渠、植被缓冲带、生态树池	单元建筑屋顶汇水、周边硬质路面和道路汇水
居华里		绿地高于硬质空间；路面容易积水	下沉硬质活动场地、下凹绿地、雨水花园、渗渠、植被缓冲带、生态树池	周边建筑屋顶汇水、周边广场与道路汇水

居住小区	中心绿地示意	限制因素与问题	雨洪管理设施选型	汇水区域
芳水园		水质污染严重；绿地空间植被杂乱；地下空间阻断下渗路径	调蓄塘、小型湿地、雨水花园、渗渠、植被缓冲带、生态树池	周边建筑屋顶汇水、居住小区硬质地面与道路汇水

5.5.3　宅旁绿地

宅旁绿地平均约占小区用地的35%，最靠近建筑，为雨水的源头处理提供了空间，一般宅旁绿地的总面积比公共绿地面积大2～3倍。但宅旁绿地单体面积小，汇水区域是建筑屋顶和道路汇水，可布置渗透、沉淀设施，受铺面类型、与建筑的距离、绿地尺度、现状植物种植、地下管道铺设等因素的影响，雨洪管理设施的布设受到限制。

建于20世纪80年代的居住区邻近建筑的空间为全硬质化地面的情况较多，可用于改造的宅旁绿地非常有限，因此适用于这种情况的改造措施也极其有限，在此基础上还需综合考虑停车等功能来合理选择布置雨洪管理设施的区域，通过增加雨洪管理设施或改造空间等强调雨水径流过程的连接性，例如高位花坛因灵活且占地小，可设置在雨落管下方，对屋面雨水径流进行初期滞留与输送、收集。

碎片化的宅旁绿地大部分出现在建于20世纪80年代与90年代的居住区，将各绿地联系起来和在有限的空间内布置合理的设施（如卵石沟、渗渠等）是最有效的海绵化改造办法。

带状宅旁绿地对布置雨洪管理设施的限制最小，在各个时期的居住区中均有出现，考虑绿化带的宽度和地下管网，并结合具体情况，例如地形的变化、现有植物的种植，除了在合适的区域设置渗渠、植草沟外，还可以通过竖向调整在局部规模较大的宅旁绿地空间设置雨水花园、下凹绿地等，使得雨水在建筑旁就近滞蓄与净化，达到雨水源头处理的良好效果。

宅旁绿地改造模式如图5-22所示。

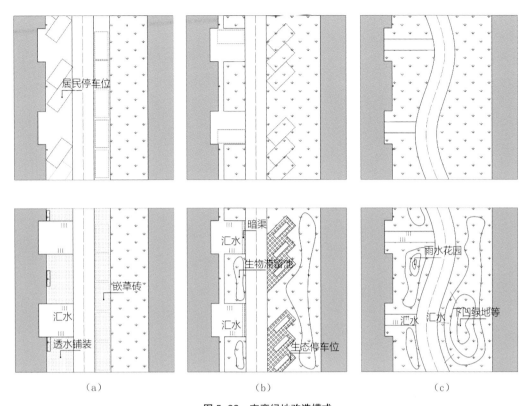

图 5-22　宅旁绿地改造模式
（a）考虑停车等功能的较窄宅旁绿地　　（b）带有生态停车位的宅旁绿地　　（c）规模较大的宅旁绿地

5.6 既有居住区雨水产汇流过程中的衔接性设施设计

地表径流的产生滞后于暴雨峰值流量的出现，降落的雨水通过地面的下渗和收集，大部分被输送到城市雨水管网中，当雨水管网无法处理大面积的降雨，即雨水管网满负荷时，雨水无法尽快被排走，地表积留的雨水就容易造成城市内涝。雨水的水文特征是根据下垫面的地表特征在重力的自然作用下流动，不同的支流汇集成更大的支流，最终排放到自然河流或湖泊中。在这个过程中，植物和下凹地形会促进雨水的下渗，延迟雨水达到峰值流量的时间。而城市的肆意扩张和大面积的不透水地面的出现阻断了雨水的下渗路径，改变了原有的水文路径，而原有的雨水管网基础设施不足以应对骤变的气候现象，从而导致城市内涝的出现。

传统的城市雨水管网体系的管理目标是快速汇集地表径流，将其快速排放到城市区域以外。地表径流无组织汇流，就近进入雨水管网，这种排水方式仅可以应对小降雨事件。传统排水方式的劣势有很多，例如无法应对特大暴雨的侵袭，造成城市内涝；阻隔地面与自然土地的联系；浪费雨水资源等。依托城市绿地的可持续雨洪管理体系能够有效解决这些难题。

（1）绿地与可持续雨洪管理设施相结合，对城市地表径流进行初步处理、输送、暂时储存，可以有效缓解雨水管网的压力，保障城市交通安全。

（2）绿地的自然特征能促进雨水下渗，从而补充城市地下水资源。

（3）植物的净化和蒸腾作用能有效地解决城市污染问题和改善城市微气候。

（4）绿地与城市休憩设施相结合，增加文化服务功能。

在城市化发展的进程中，面对极端暴雨天气的出现、绿地面积的减小、河岸硬质化状况的加剧，传统的雨水管网也暴露出很多问题。建成区的雨水管网往往不能满足人们的日常生活需要。近年来，雨水管网已经从合流制逐渐向雨污分流制转变。建成区的雨水管网表现出以下几个特点。

（1）排水效率低，无法应对极端暴雨天气。管道的直径、坡度、规划布局导致排水效率低，无法应对暴雨天气产生的地表径流。

（2）合流制较普遍，浪费水资源。雨污合流使得雨水不能被有效利用，排放到河流中往往导致水体被污染。

（3）改造难度大，所需资金投入大。由于建成区功能复杂，人口密度高，空间有限，因此在进行改造时不仅施工难度较大，而且需要更多的资金投入。

城市绿地系统和市政雨水系统常被看作两个独立的系统，从以往的经验可以看出，城市绿地系统在应对城市内涝和改善城市生态方面有很大的优势，而市政雨水系统在排涝方面略显不足，因此二者协同优化设计是非常有必要的实践。其必要性主要表现在以下几方面。

（1）北京、上海、成都等多个大型城市都面临严重的城市内涝问题，现有的城市排水系统不能全面解决城市雨水的排放问题。既有居住区的雨水管网系统排水能力有限，通过增大管道直径的方式进行改造无法真正解决内涝问题，而且单独改造管网需要大量的资金，并受场地的限制，工程的可实施性差，因此要解决城市内涝问题单靠改造城市雨水管网是行不通的。此外，从发达国家现在的排水系统的构成来看，老城区基本保留了 10% ～ 20% 的合流制系统，并对合流制系统的溢流污染采取了有效的控制措施。

（2）城市绿地在缓解城市内涝方面有很大的潜在优势。城市绿地可以增强城市下垫面的下渗能力，解决多种城市污染问题，绿地中的植物群落能够有效解决暴雨侵袭带来的问题，地面的下渗作用和微地形可以延缓地表径流的产生，从而减少径流污染，改善水质，防止水土流失。绿地的灵活性还能提供多种建设的可能性，有利于提高城市的抗洪排涝能力。

（3）单靠可持续雨洪管理体系亦无法解决城市内涝问题。随着雨洪问题日益严峻，国内学者对此进行了很多研究，引入了国外的 LID 措施、水敏性城市设计理念等，各区域也在积极建设可持续雨洪管理设施。但是我国城市绿地破碎化、人口密度大等现状决定了单纯地建设可持续雨洪管理设施无法应对所有的暴雨事件，管理设施的承载能力和下渗能力都需要一定的恢复期，因此单纯依靠 LID 设施的建设无法完全解决城市内涝问题。

（4）绿地与雨水管网协同优化设计是大势所趋。可持续雨洪管理设施和雨水管网的承载能力与工程难度都决定了不可能靠单一的系统解决城市内涝问题，二者协同优化设计是必然的趋势。城市绿地的特点刚好承载可持续雨洪管理设施的多样性，二者协同优化设计不仅可以有效应对城市内涝，还能产生多项生态收益。

既有居住区海绵化改造应根据基地竖向设计、下垫面构成、建筑屋面排水形式、相邻市政排水管道构成等优先考虑分流制系统，对不具备分流制改造条件的地区，应结合小区竖向设计通过植草沟、排水明沟等构建地表有组织排水系统，并与下游排水系统相衔接。由于重新铺设排水管道的改造难度较大，因此应通过透水铺装、生物滞留池、调蓄设施、植草沟等将绿色基础设施与灰色基础设施相结合，整体提高居住区的排水标准，进行高效的雨洪管理。

城市雨水管网能够有效地收集城市雨水并将其就近排放到城市水体或污水处理站，从而保障城市水安全。雨水管网的传统优化设计主要集中在四方面：①根据汇水面划分、水量计算和管网承载能力评估测算优化布局；②根据计算结构增加管道数量和增大管道直径；③利用新材料和新技术手段替换原有管道材料和入水口材料；④清淤处理。

建于20世纪80年代前的小区多数以雨污合流的方式排水，考虑非传统水源合理利用的生态举措，应尽可能实现小区雨水回收利用。在管道改造中应明确，对具备雨污分流改造条件的小区，应逐步改造管道；对不具备此条件的小区，应充分结合地面雨水管理生态设施，配合利用灰色基础设施与绿色基础设施，做到源头处理、下渗与积蓄，同时应局部改造溢流井，从而避免污水溢流等问题。例如新加坡在绿地中设置雨水明渠，以应对暴雨洪涝风险。

雨水管网可以通过管道连接可持续雨洪管理设施，雨水经过设施的下渗、过滤和生物滞留等过程，最终减少地表径流的污染；在暴雨时还能通过设施延迟径流峰值流量的出现，增强雨水管网应对暴雨的能力。雨水管网的终端可以连接湿地和人工水体，湿地对地表径流中的污染物有较好的去除效果，经过湿地、雨水花园的一系列物理、化学等作用，雨水可以最终回收利用。

传统的雨水管网通过集水口收集径流并输送、排放，但是这部分雨水往往携带大量的污染物，被排放到城市河流水体中会造成二次污染。因此在进行优化时，可以在集水口等位置进行相关的处理，减少雨水的污染。

由上述阐述可知，在既有居住区改造中，通过雨洪管理设施适地性选型、雨水径流通道断接技术等，有望初步实现既有居住区内部的雨洪管理。

建筑小区雨污分流制改造一般包括室外合流制排水管线改造和混接雨落管改造。室外合流制排水管线分流制改造主要有以下两种方式：新建一套污水收集系统，新建一套雨水收集系统。建筑小区内部雨污分流做法如图5-23所示。

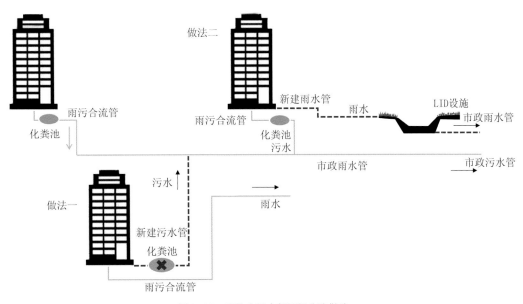

图 5-23　建筑小区内部雨污分流做法

参考文献

REFERENCES

[1] 周亮 . 海水利用产业发展的政策研究：以天津市为例 [D]. 天津：南开大学，2008.

[2] 吴元方，田占鳌，陈爱珍，等 . 天津市城市可用水资源优化分配研究 [J]. 系统工程理论与实践，1983 (4)：22，38-42.

[3] 韩睿鹏 . 旧小区"海绵城市"改造方案及可行性研究 [J]. 工程技术：全文版，2016 (7)：318，320.

[4] 赵轩，李王锋，许申来，等 . 生态海绵城市规划管理与实践 [J]. 北京规划建设，2015 (6)：36-39.

[5] 王虹，李昌志，章卫军，等 . 城市雨洪基础设施先行的规划框架之探析 [J]. 国际城市规划，2015，30 (6)：72-77.

[6] 老旧小区改造离不开"共同缔造" [J]. 领导决策信息，2017 (48)：14.

[7] 于中海，李金河，刘绪为 . 已建建筑小区海绵化改造系统设计方法探讨 [J]. 中国给水排水，2017，33 (13)：119-123.

[8] 翟苗苗，黄高平，刘永泉，等 . 北京市海淀区 17 个新建小区使用中水卫生现状调查 [J]. 中国卫生监督杂志，2008，15 (3)：204-207.

[9] 王智勇，李纯，杨体星，等 . 武汉青山老旧社区品质提升的规划对策 [J]. 规划师，2017，33 (11)：24-29.

[10] 赵江，王皓正，叶向强 . 海绵城市建设背景下老旧小区内涝防治探索：以江苏省镇江市江二小区为例 [J]. 建设科技，2016 (15)：32-35.

[11] 张美娟 . 设计结合自然·生态规划方法对我国城乡规划的启示 [J]. 建筑知识，2014，34 (7)：121.

[12] 姚淑梅 . 国际可持续发展的新动态 [J]. 经济研究参考，2004 (8)：12-19.

[13] 汪晓茜 . Hedebygade 街区城市生态更新，哥本哈根，丹麦 [J]. 世界建筑，2007 (7)：77-83.

[14] 车伍，吕放放，李俊奇，等 . 发达国家典型雨洪管理体系及启示 [J]. 中国给水排水，2009，25 (20)：12-17.

[15] 张颖昕 . 基于可持续雨洪管理的小区景观优化设计研究：以成都英国风情小镇为例 [D]. 成都：西南交通大学，2016.

[16] 陈志强 . 雨水利用在日本 [J]. 上海水务，2004，20 (1)：30.

[17] 张鼎肃 . 美国海绵城市建设的经验及其对我国的启示 [J]. 文史博览（理论），2016 (7)：43-44.

[18] 王鹏，吉露·劳森，刘滨谊 . 水敏性城市设计（WSUD）策略及其在景观项目中的应用 [J]. 中国园林，2010，26 (6)：88-91.

[19] 刘晔 . ABC 全民共享水计划　海绵城市在新加坡 [J]. 城乡建设，2017 (5)：66-69.

[20] 车伍，唐磊，李海燕，等 . 北京旧城保护中的雨洪控制利用 [J]. 北京规划建设，2012（5）：46-52.

[21] 孔赟，曹万春，张兆祥 . 老城更新区域海绵城市建设研究 [J]. 江苏城市规划，2017（2）：19-26.

[22] 姚新涛，曾坚 . 生态化导向下的旧城区微改造策略 [J]. 建筑节能，2016，44（12）：72-75.

[23] 刘先曙 . 水利学家就北京水危机提出对策 [J]. 科技导报，1994（2）：41.

[24] 侯立柱，丁跃元，张书函，等 . 北京市中德合作城市雨洪利用理念及实践 [J]. 北京水利，2004（4）：31-33.

[25] 余池明 . 城市修补：渐进式城市更新 [J]. 环境与生活，2017（z1）：74.

[26] 周静敏，苗青，陈静雯 . 装配式内装工业化体系在既有住宅改造中的适用性研究 [J]. 建筑技艺，2017（3）：54-57.

[27] SIEKER F. On-site stormwater management as an alternative to conventional sewer systems： a new concept spreading in Germany[J]. Water science & technology，1998，38（10）：65-71.

[28] 刘文晓 . 基于海绵城市理念下的绿色居住区景观设计研究：以桃源金融小区为例 [D]. 成都：西南交通大学，2017.

[29] 王建龙，涂楠楠，席广朋，等 . 已建小区海绵化改造途径探讨 [J]. 中国给水排水，2017，33（18）：1-8.

[30] 刘军 . 基于新城市主义理念的天津住区规划发展演进研究 [D]. 天津：天津大学，2013.

[31] 丛丽娜 . 城市旧居住区环境再生与发展研究 1950—2000：以天津市王顶堤居住区为例 [D]. 天津：天津大学，2010.

[32] 中华人民共和国住房和城乡建设部，国家市场监督管理总局 . 城市居住区规划设计标准：GB 50180—2018[S]. 北京：中国建筑工业出版社，2018.

[33] 卞洪滨 . 小街区密路网住区模式研究：以天津为例 [D]. 天津：天津大学，2010.

[34] 曹越 . 水绿交融的城市绿地系统格局研究：结合海绵效应的绿地系统格局优化策略 [D]. 南京：东南大学，2017.

[35] 范群杰 . 城市绿地系统对雨水径流调蓄及相关污染削减效应研究 [D]. 上海：华东师范大学，2006.

[36] 武勇，刘丽，刘华领 . 居住区规划设计指南及实例评析 [M]. 北京：机械工业出版社，2009.

[37] 黄晓鸾，张国强 . 城市生存环境绿色量值群的研究（1）[J]. 中国园林，1998（1）：61-63.

[38] 严建伟，任娟 . 斑块、廊道、滨水：居住区绿地景观生态规划 [J]. 天津大学学报（社会科学版），2006，8（6）： 454-457.

[39] 陈前虎，向美洲，李松波 . 城市住宅区绿地景观格局与径流水质关系研究 [J]. 浙江科技学院学报，2013，25（1）： 52-58.

[40] 殷学文，俞孔坚，李迪华 . 城市绿地景观格局对雨洪调蓄功能的影响 [C]// 中国城市规划学会 . 城乡治理与规划改革：2014 中国城市规划年会论文集，2014.

[41] 邬建国 . 景观生态学：格局、过程、尺度与等级 [M]. 北京：高等教育出版社，2000.

[42] 刘俊 . 城市雨洪模型研究 [J]. 河海大学学报，1997，25（6）：20-24.

[43] 王虹，李昌志，章卫军，等 . 城市雨洪基础设施先行的规划框架之探析 [J]. 国际城市规划，2015，30（6）：72-77.

[44] 宋代风 . 可持续雨水管理导向下住区设计程序与做法研究 [D]. 杭州：浙江大学，2012.

[45] 孙静 . 德国汉诺威康斯柏格城区一期工程雨洪利用与生态设计 [J]. 城市环境设计，2007（3）：93-96.

[46] 张晶晶，车伍，闫攀，等 . 雨水断接技术在旧城改造领域的应用分析 [J]. 建筑科学，2015，31（2）：118-125.

[47] 杨青娟 . 基于可持续雨洪管理的城市建成区绿地系统优化研究 [D]. 成都：西南交通大学，2013.